高等职业教育信息技术基础系列教材

信息技术基础实践教程

XINXI JISHU JICHU SHIJIAN JIAOCHENG

主　编　张玉玺　田　杰　魏红伟
副主编　樊　华　万亚力　宋新华

西安电子科技大学出版社

内 容 简 介

本书以实践教学为核心，系统讲解了信息技术的基础知识与基本应用软件的操作技能。全书采用“案例驱动”的模式编写，将理论知识融入实践操作中，读者通过动手实践可掌握基本技能。

本书由 18 个实践项目组成，分为 5 章，主要内容包括计算机与信息技术、Windows 操作系统、文字处理软件 Word、电子表格软件 Excel 和演示文稿软件 PowerPoint。本书每个实践项目都设有实践目的，配备典型应用案例和详细的实践步骤，可帮助读者循序渐进地掌握操作技巧。

本书可作为高等院校计算机相关专业的实践教材，也可作为对信息技术感兴趣的读者的自学参考书。

图书在版编目 (CIP) 数据

信息技术基础实践教程 / 张玉玺，田杰，魏红伟主编. -- 西安：西安电子科技大学出版社, 2025. 7. -- ISBN 978-7-5606-7712-5

Ⅰ. TP3

中国国家版本馆 CIP 数据核字第 2025E7L199 号

策　　划　杨丕勇　刘启薇
责任编辑　杨丕勇
出版发行　西安电子科技大学出版社（西安市太白南路 2 号）
电　　话　(029) 88202421　88201467　　邮　　编　710071
网　　址　www.xduph.com　　电子邮箱　xdupfxb001@163.com
经　　销　新华书店
印刷单位　陕西博文印务有限责任公司
版　　次　2025 年 7 月第 1 版　　2025 年 7 月第 1 次印刷
开　　本　787 毫米 × 1092 毫米　1/16　　印　　张　9.25
字　　数　216 千字
定　　价　30.00 元

ISBN 978-7-5606-7712-5

XDUP 8013001-1

前　言 PREFACE

随着信息时代的到来，计算机技术的应用已深度渗透到各行各业，成为推动社会进步和经济发展的重要力量。对当代大学生而言，熟练掌握信息技术不仅是学业发展的基本要求，更是未来职业竞争中不可或缺的基本能力之一。

“坚持做中学，学中做”的教育理念，是培养高素质应用型人才的重要途径。然而，当前与“信息技术”课程配套的以实践为导向的教材较为稀缺，难以满足学生动手能力和实践技能培养的需求。本书填补了当前市场上实践型教材的不足，提供了贴近实际应用的学习资源，满足课程实践教学的需求。实践型教材具有重要的现实意义：

(1) 提升学习效果。本书通过案例驱动和项目实践，将抽象的理论知识转化为具体的操作技能，帮助学生实现从“学”到“用”的跨越。

(2) 激发学习兴趣。本书以实际问题为导向，设计生活化的案例和项目，增强学生的参与感，培养其探索与创新的热情。

(3) 适应社会需求。本书紧密结合现代社会对高信息素养人才的需求，夯实学生的实践能力与职业素养，提升其就业竞争力。

(4) 推动教学创新。本书的编写不仅是对教学内容的系统梳理与优化，更是对教学方法的探索与创新。通过实践案例和项目驱动，教师可突破传统教学模式，采用更灵活、互动性更强的教学方法，全面提升教学质量，助力信息技术教育的改革与发展。

在编写本书的过程中，我们参考了一些国内外文献资料，在此向所有相关作者及研究者致以诚挚的感谢。由于编者水平有限，书中难免存在疏漏与不足之处，恳请广大读者和专家批评指正，以便本书在后续修订中不断完善与更新。

编　者

2025 年 3 月

目　录 CONTENTS

第一章　计算机与信息技术

实践一　认识计算机硬件

【实践目的】

(1) 认识计算机主要硬件部件。

(2) 理解各硬件部件的作用与特点。

(3) 认识常用的计算机外部设备。

【实践内容及步骤】

本实践项目主要介绍计算机的组成部分。

完整的计算机系统由主机和外部设备两大部分构成，通过协同工作实现数据处理与信息交互功能。

主机作为计算机的核心部分，由 CPU、主板、显卡、电源、散热器、内存、硬盘、机箱等八大部件组成，如图 1-1 所示。

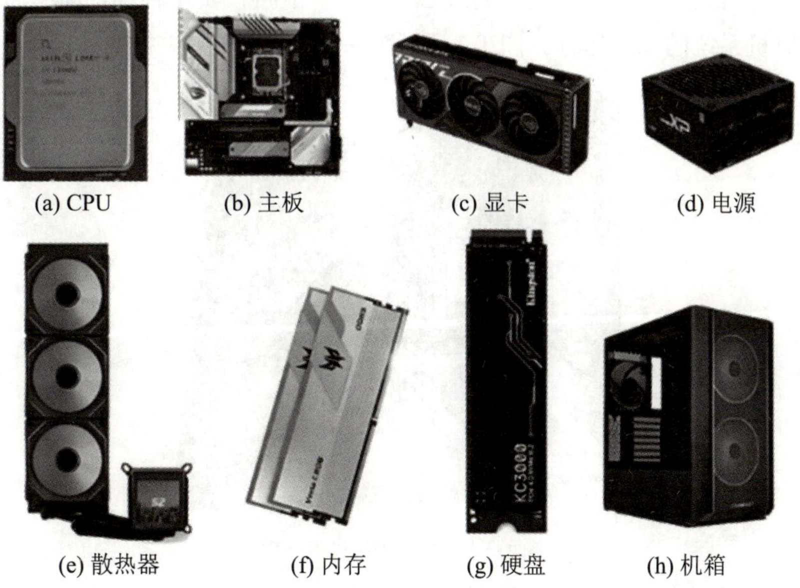

(a) CPU
(b) 主板
(c) 显卡
(d) 电源
(e) 散热器
(f) 内存
(g) 硬盘
(h) 机箱

图 1-1　主机的八大部件

1) CPU

CPU(中央处理器)扮演着至关重要的角色，它如同计算机的大脑，负责执行各种指令，完成复杂的算术与逻辑运算。

当前主流 CPU 品牌有 Intel 和 AMD 两种，其中 Intel 的酷睿 Ultra 200S 系列取代了原酷睿 i 系列，标志着 Intel CPU 从酷睿 i 时代进入酷睿 Ultra 时代。其代表产品为 Ultra 9 285K，该处理器采用 Arrow Lake 架构，默认睿频 5.7 GHz、8 + 16 核心、24 线程设计，采用全新的 LGA1851 接口设计，其外形如图 1-2(a) 所示。AMD 推出了锐龙 9 系列，其中 Ryzen 9 9950X3D 采用 Zen 5 架构、16 核心、32 线程设计，通过 3D V-Cache 堆叠，配备 128 MB 的三级缓存，再加上 16 MB 的二级缓存，共 144 MB 的缓存容量，使其在处理大量数据时表现卓越，其外形如图 1-2(b) 所示。

(a) Intel Ultra 9 258K CPU

(b) AMD Ryzen 9 9950X3D CPU

图 1-2　两款有代表性的 CPU

2) 主板

主板是计算机内部硬件的桥梁，通过芯片组与扩展接口实现各部件间的通信与数据传输，保障计算机系统的稳定运行。图 1-3 所示为华硕 Z970 吹雪主板的外形。

图 1-3　华硕 Z970 吹雪主板

主板的选择受诸多因素的影响，例如 Intel 系列 CPU 选择 Intel 架构主板，AMD 系列

CPU 则选择 AMD 架构主板，二者不可兼容。不同类型的内存由于其插槽不兼容，因此可根据内存的类型选择 DDR4 主板或 DDR5 主板。

目前主流主板也有不同的分类。

(1) 按芯片组分类。

① 常见的 Intel 架构的主板有：

Z 系列：如 Z690、Z790 等，支持 CPU 超频和内存超频，适合游戏玩家和超频爱好者。这些主板通常提供丰富的扩展接口和高级的电源管理功能。

B 系列：如 B660、B760 等，支持 CPU 的默认频率运行，不支持 CPU 超频，但支持内存超频，适合普通用户和办公用户。

H 系列：如 H610、H710 等，主要面向入门级用户，功能相对简单，不支持超频，但稳定性高，适合日常办公和家庭使用。

② 常见的 AMD 架构的主板有：

X 系列：如 X570、X670 等，支持 CPU 超频和内存超频，适合高性能需求的用户。

B 系列：如 B550、B650 等，支持内存超频，但不支持 CPU 超频，性能和功能较为均衡，适合中高端用户。

A 系列：如 A520 等，主要面向入门级用户，功能简单，适合日常办公和家庭使用。

(2) 按尺寸分类。

① ATX 主板：最常见的标准主板，扩展性好，接口齐全，通常有 7 个扩展槽，能够支持各种存储设备和显卡，适用于大多数台式计算机和游戏计算机。

② Micro ATX 主板：ATX 的缩小版，尺寸较小，接口紧凑但够用，适合小型计算机，通常支持更多的 USB 端口和 SATA 接口。

③ Mini ITX 主板：是最小的主板类型，适合小巧的迷你小机箱计算机使用，通常内置 WiFi 模块，接口数量满足日常办公使用。

④ EATX 主板：比 ATX 主板更大，提供更多的扩展槽和更大的电源插槽，适合高端桌面计算机、工作站和服务器等，支持高端芯片和更多接口。

3) 显卡

显卡负责处理计算机的图形与图像，将数据转化为图像信号输出到显示器。在游戏、3D 建模、动画制作中，它对复杂 3D 场景进行渲染，生成逼真画面。显卡能够决定画面的流畅度、清晰度和色彩表现，提升视觉体验。

4) 电源

电源是整个计算机系统的能量提供部分，为所有硬件组件提供持续且稳定的电力供应。

5) 散热器

散热器通过散热片和风扇等组件，吸收硬件 (CPU 和显卡) 产生的热量并快速散发出去，有效降低硬件温度，维持硬件的正常工作状态，防止因过热而出现性能下降、死机甚至硬件损坏的情况。

6) 内存

内存即随机存取存储器 (RAM)。计算机在运行时，RAM 暂存 CPU 处理的数据和程序代码，确保 CPU 能够迅速获取所需信息。图 1-4 所示为 DDR5 内存条的外形。

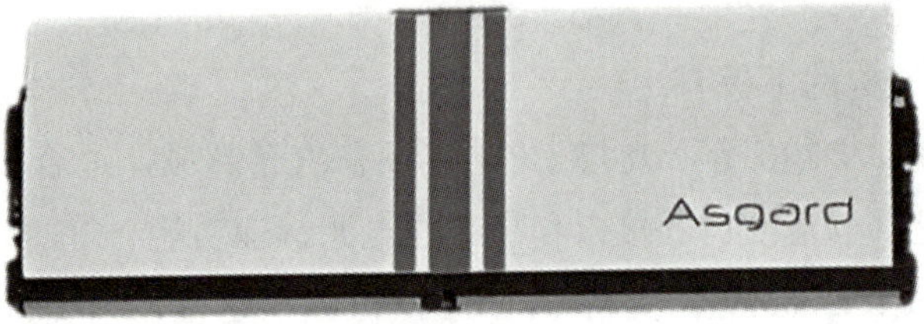

图 1-4　DDR5 内存条

当前主流装机使用的是 DDR 系列内存，主要分为 DDR4 和 DDR5 两种，二者之间存在诸多区别。首先，在兼容性方面，二者插槽不同，在主板的配置上要加以区分。其次，从工作频率来看，DDR5 的最高频率远高于 DDR4 的，DDR4 的频率通常为 2133～3200 MHz，而 DDR5 的起步频率为 4800 MHz，最高频率达到 8400 MHz。更高的频率能够提供更高的数据传输速率，从而提升系统性能。最后，从内存容量来看，DDR4 内存单颗容量只有 16 GB，而 DDR5 内存单颗容量高达 128 GB，这为需要大容量内存的应用场景，如大型数据中心、高端图形工作站等提供了更充足的内存支持。

影响内存性能的还有内存颗粒的选择。不同品牌和型号的内存颗粒在品质、性能等方面存在差异。在性能层面，颗粒的质量决定了内存的频率与带宽。高端颗粒可支持高频率，使数据传输带宽增大，加快数据传输，提升计算机处理复杂数据的速度。而且颗粒还影响内存时序，优质颗粒能实现低时序，减少数据读取等待时间，让系统响应更敏捷。

在稳定性方面，对于超频操作，好的颗粒超频后依然能稳定运行。在长时间运行场景下，优质颗粒能确保数据安全和系统可靠，防止出现故障。

在容量上，颗粒密度能够决定单条内存容量上限和系统内存总容量的扩展能力。

7) 硬盘

无论是机械硬盘还是固态硬盘 (见图 1-5)，都是计算机的数据仓库，负责长期保存操作系统、应用程序以及用户文件等宝贵数据。

(a) 机械硬盘　　(b) 固态硬盘

图 1-5　硬盘

8) 机箱

机箱主要起到保护和固定计算机硬件的作用，能防止内部组件受到外界物理碰撞、灰尘侵入和电磁干扰。

外部设备种类繁多，功能各异。显示器作为核心输出设备，负责将计算机处理的数字信息以直观的视觉形式(如文字、图像、视频等)展现给用户。键盘和鼠标作为主要输入设备分别实现输入字符、命令和屏幕光标控制等功能。此外，打印机、音箱、摄像头等外部设备各司其职，分别完成打印文档、播放声音和影像采集等功能，从多个维度扩展了计算机的应用功能，使计算机系统更加完善。

实践二 计算机信息表示方式

【实践目的】

(1) 理解数制的基本概念。

(2) 掌握数制转换方法。

(3) 熟悉数制的运算规则。

(4) 提升解决问题能力和逻辑思维能力。

【实践内容及步骤】

1. 常见数制

1) 十进制(逢十进一)

数码：10 个数字符号，即 0～9。

基数：基数是 10。

十进制数按权展开式可表示为

$$N = D_n \times 10^{n-1} + D_{n-1} \times 10^{n-2} + \cdots + D_1 \times 10^0 + D_{-1} \times 10^{-1} + \cdots + D_{-m} \times 10^{-m}$$

其中，n 代表小数点左边的位数，m 代表小数点右边的位数。

例 2.1　将十进制数 237.73 写成按权展开的形式。

$$237.73 = 2 \times 10^2 + 3 \times 10^1 + 7 \times 10^0 + 7 \times 10^{-1} + 3 \times 10^{-2}$$

2) 二进制(逢二进一)

数码：2 个数字符号，即 0、1。

基数：基数是 2。

二进制数按权展开式可表示为

$$N = B_n \times 2^{n-1} + B_{n-1} \times 2^{n-2} + \cdots + B_1 \times 2^0 + B_{-1} \times 2^{-1} + \cdots + B_{-m} \times 2^{-m}$$

二进制与十进制的区别为基数由 10 变为 2，即为 2 的幂次关系。

例 2.2 将二进制数 110101.011 写成按权展开的形式。

$$110101.011 = 1 \times 2^5 + 1 \times 2^4 + 0 \times 2^3 + 1 \times 2^2 + 0 \times 2^1 + 1 \times 2^0 + 0 \times 2^{-1} + 1 \times 2^{-2} + 1 \times 2^{-3}$$

3) 八进制(逢八进一)

数码：8 个数字符号，即 0～7。

基数：基数是 8。

八进制按权展开式可表示为

$$N = \mathrm{O}_n \times 8^{n-1} + \mathrm{O}_{n-1} \times 8^{n-2} + \cdots + \mathrm{O}_1 \times 8^0 + \mathrm{O}_{-1} \times 8^{-1} + \cdots + \mathrm{O}_{-m} \times 8^{-m}$$

例 2.3 将八进制数 571.51 写成按权展开的形式。

$$571.51 = 5 \times 8^2 + 7 \times 8^1 + 1 \times 8^0 + 5 \times 8^{-1} + 1 \times 8^{-2}$$

4) 十六进制(逢十六进一)

数码：16 个数字符号，即 0～9 和 A～F，其中 A～F 分别代表 10～15 之间的数。

基数：基数是 16。

十六进制数按权展开式可表示为

$$N = \mathrm{H}_n \times 16^{n-1} + \mathrm{H}_{n-1} \times 16^{n-2} + \cdots + \mathrm{H}_1 \times 16^0 + \mathrm{H}_{-1} \times 16^{-1} + \cdots + \mathrm{H}_{-m} \times 16^{-m}$$

例 2.4 将十六进制数 A1B.C1 写成按权展开的形式。

$$\mathrm{A1B.C1} = 10 \times 16^2 + 1 \times 16^1 + 11 \times 16^0 + 12 \times 16^{-1} + 1 \times 16^{-2}$$

不同数制的区别如表 1-1 所示。

表 1-1 不同数制间的对比

数 制	基 数	进位规则	数 码
二进制	2	逢二进一	1、2
八进制	8	逢八进一	0、1、2、3、4、5、6、7
十进制	10	逢十进一	0、1、2、3、4、5、6、7、8、9
十六进制	16	逢十六进一	0、1、2、3、4、5、6、7、8、9、A、B、C、D、E、F

2. 不同数制之间的转换

1) 非十进制数转换为十进制数

非十进制数转换为十进制数的方法为按权展开并以十进制数累加。

例 2.5 将二进制数 11011.01 转换为十进制数。

$$(11011.01)_2 = 1 \times 2^4 + 1 \times 2^3 + 0 \times 2^2 + 1 \times 2^1 + 1 \times 2^0 + 0 \times 2^{-1} + 1 \times 2^{-2} = (27.25)_{10}$$

例 2.6 将八进制数 571.05 转换为十进制数。

$$(571.05)_8 = 5 \times 8^2 + 7 \times 8^1 + 1 \times 8^0 + 0 \times 8^{-1} + 5 \times 8^{-2} = (377.078125)_{10}$$

例 2.7 将十六进制数 A7B 转换为十进制数。

$$(\mathrm{A7B})_{16} = 10 \times 16^2 + 7 \times 16^1 + 11 \times 16^0 = (2683)_{10}$$

2) 十进制数转换为二进制数

将十进制数转换为其他进制数时，通常要将十进制数区分整数部分和小数部分，对于

整数部分采取除以 *R* 取余，对于小数部分采取乘 *R* 取整，*R* 为转换对应进制数的基数。

例 2.8 将十进制数 123.25 转换为二进制数。

具体转换步骤如下：

(1) 将十进制数 123.25 分为 123 和 0.25 两部分，整数和小数部分分别计算。

(2) 用 2 除十进制数的整数部分，计算出商和余数。

(3) 对第 (2) 步中的商继续除以 2 取余，重复该操作到商为 0 时即可完成。

(4) 将余数从下往上书写，即 123 除以 2 的余数 1 写在最右侧，书写结果 1111011 为十进制数 123 转换为二进制数的结果，如图 1-6 所示。

2|123			
2|61	……1	余数为 1	低位
2|30	……1	余数为 1	↑
2|15	……0	余数为 0	
2|7	……1	余数为 1	
2|3	……1	余数为 1	
2|1	……1	余数为 1	
2|0	……1	余数为 1	高位

图 1-6 除 2 取余操作

(5) 将小数部分乘 2 取整，提取的整数部分为转换后的二进制数的最高位数。

(6) 将整数部分提取后，剩余小数部分继续乘 2 取整，直到小数部分为 0，或者到满足精度的需求为止。

(7) 对提取的整数由上到下进行书写即 01，如图 1-7 所示。

0.25×2			
0.5×2	0	取整数 0	高位
1×2	1	取整数 1	↓ 低位

图 1-7 乘 2 取整

(8) 将计算所得的 1111011 和 01 进行组合，即可得十进制数 123.25 转换为二进制数，结果为 1111011.01。

3) 二进制数与八进制数的转换

每 3 个二进制数对应 1 个八进制数，以小数点为中心将数据分为左右两组，每 3 位 1 组，不足的用 0 补齐，然后按权展开相加，得到相应的数为八进制数，再按权的顺序连接即可。

例 2.9 将二进制数 1101011.1011 转换为八进制数。

具体转换步骤如下：

(1) 提取整数部分 1101011，从小数点开始由右往左每 3 位 1 组，当到最左侧不足 3 位时用 0 补齐，可得到 011、101、001 这 3 组数。

(2) 将第 (1) 步中的 3 组数按权展开并求和即可得到八进制整数部分的每一位数，如图

1-8 所示。

001 101 011

1 5 3

图 1-8 二进制整数转换为八进制整数

(3) 提取小数部分，从小数点开始由左往右每 3 位 1 组，当到最右侧不足 3 位时用 0 补齐，可得到 101、100 这两组数。

(4) 将第 (3) 步中的两组数按权展开并求和即可得到八进制小数部分的每一位数，如图 1-9 所示。

101 100

5 4

图 1-9 二进制小数转换为八进制小数

(5) 将第 (2) 步和第 (4) 步中得到的结果进行组合即可得到结果为 $(153.54)_8$。

例 2.10 将八进制数 725.12 转换为二进制数。

将八进制数转为二进制数，只需要将每位八进制数转换为二进制数，并将其组合在一起即可得到结果 $(111010101.00101)_2$，如图 1-10 所示。

7 2 5. 1 2

↓ ↓ ↓ ↓ ↓

111 010 101. 001 010

图 1-10 八进制数转换为二进制数

4) 二进制数与十六进制数的转换

每 4 个二进制数对应 1 个十六进制数，以小数点为中心将数据分为左右两组，每 4 位 1 组，不足的用 0 补齐，然后按权展开相加，得到相应的数为十六进制数，再按权的顺序连接即可。

例 2.11 将二进制数 101101011.1101110 转换为十六进制数。

具体转换步骤如下：

(1) 提取整数部分 101101011，从小数点开始由右往左每 4 位 1 组，当到最左侧不足 4 位时用 0 补齐，可得到 1011、0110、0001 这 3 组数。

(2) 将第 (1) 步中的 3 组数按权展开并求和即可得到十六进制整数部分的每一位数，如图 1-11 所示。

0001 0110 1011

1 6 B

图 1-11 二进制整数转换为十六进制整数

(3) 提取小数部分，从小数点开始由左往右每 4 位 1 组，当到最右侧不足 4 位时用 0 补齐，即可得到 1101、1100 这两组数。

(4) 将第 (3) 步中的两组数按权展开，并求和即可得到十六进制小数部分的每一位数，如图 1-12 所示。

1101　1100

D　　C

图 1-12　二进制数小数转换为十六进制小数

(5) 将第 (2) 步和第 (4) 步中得到的结果进行组合即可得到结果为 $(16B.DC)_{16}$。

例 2.12　将十六进制数 AC.12 转换为二进制数。

十六进制数转为二进制数，只需要将每位十六进制数转换二进制数，并将其组合在一起即可得到结果 (10101100.0001001)，如图 1-13 所示。

A　C .　1　2

↓　↓　↓　↓

1010　1100 .　0001　0010

图 1-13　十六进制数转换为二进制数

3. 使用工具进行数制之间的转换

1) 使用计算器

使用 Windows 系统自带计算器进行数制转换，具体操作步骤如下：

(1) 在操作系统中打开【开始】菜单，在【附件】中选择【计算器】。

(2) 选择【查看】菜单中的【程序员】，进入程序员模式，如图 1-14 所示。

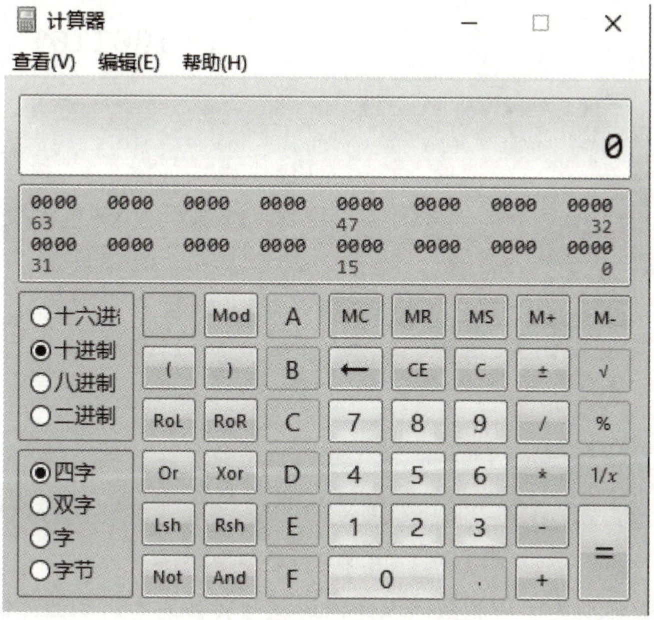

图 1-14　程序员模式下的计算器

① 十进制数转换为其他进制数：计算器默认选择【十进制】，输入的数值为十进制数。例如，将 77 转换为二进制数。首先，在计算器中输入 77，然后单击【二进制】选项，即可

得到十进制数 77 转换二进制数的结果，如图 1-15 和图 1-16 所示。

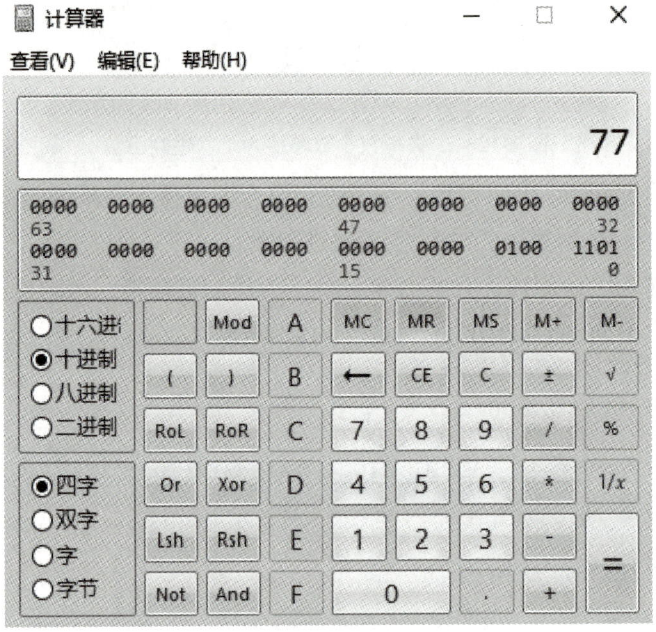

图 1-15　输入十进制数

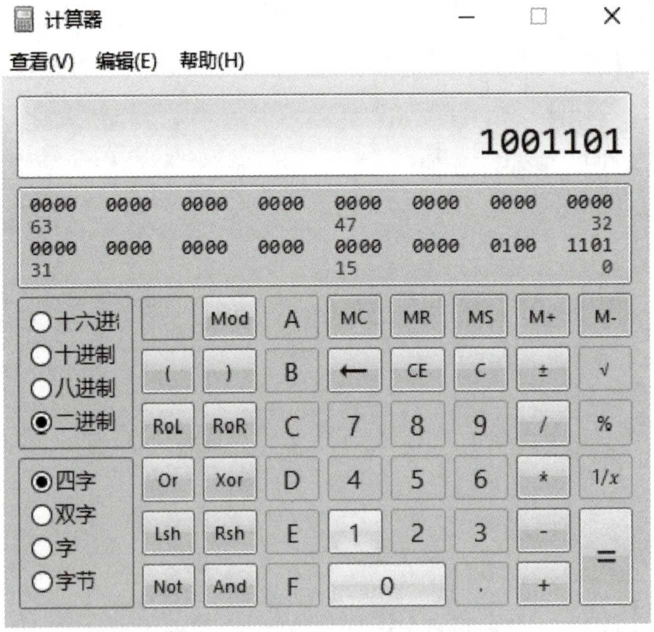

图 1-16　十进制数转换为二进制数

② 其他进制数转换为十进制数：以十六进制数转换为十进制数为例，具体转换步骤如下：

a. 在计算器中选择【十六进制】，输入对应的十六进制数值，如输入 AC。

b. 单击【十进制】，即可得到转换结果 172，如图 1-17 和图 1-18 所示。

图 1-17 十六进制数的输入

图 1-18 十六进制数转换为十进制数

注意：对于其他数制的相互转换参照以上案例即可，Windows【计算器】只能直接完成十进制、二进制、八进制和十六进制数之间的整数转换。

2) 在线进制转换

除了 Windows【计算器】能进行数制转换外，还可以通过网络的在线工具进行转换操作，具体步骤如下：

(1) 打开浏览器，在搜索引擎中搜索“在线数制转换”，可以找到很多相关工具，操作界面如图 1-19 所示。

图 1-19　在线工具界面

(2) 单击【10 进制】单选框，在下方文本框中输入对应的数值，如 101。

(3) 单击【转换】即可得到其他数制的转换结果，如图 1-20 所示。

图 1-20　十进制数转换为其他数制

4. 数据的单位与换算关系

1) 位 (bit)

位是计算机中最小的数据单位，它表示一个二进制数位，即 0 或 1。计算机中最直接、最基本的操作就是对二进制数的操作。

2) 字节

字节是计算机中用于计量存储容量和传输容量的基本单位，1 个字节等于 8 位二进制数 (bit)。作为计算机数据存储和处理的核心单位，计算机中通常用 B(字节)、KB(千字节)、MB(兆字节)、GB(吉字节) 和 TB(太字节) 为单位表示存储器的容量大小。存储单位 B、KB、MB、GB 和 TB 之间的换算关系如下：

$$1\ \text{B} = 8\ \text{bit}$$

$$1\ \text{KB} = 1024\ \text{B} = 2^{10}\ \text{B}$$

$$1\ \text{MB} = 1024\ \text{KB} = 2^{20}\ \text{B}$$
$$1\ \text{GB} = 1024\ \text{MB} = 2^{30}\ \text{B}$$
$$1\ \text{TB} = 1024\ \text{GB} = 2^{40}\ \text{B}$$

3) 字长

字长是指计算机在单位时间内能够一次性处理的二进制数据的位数。字长的大小直接反映了计算机的处理能力。字长越长，计算机能够同时处理的数据位数越多，其计算精度和效率也越高。

5. 常用编码

1) ASCII 码

ASCII 码(美国信息交换标准代码)是一套基于拉丁字母的字符编码体系。在电子通信与计算机数据存储领域，ASCII 码发挥着关键作用，其核心功能是将字符转化成计算机能够识别并处理的数字格式。

ASCII 码采用 7 位二进制数来对每一个字符进行编码，共可表示 128 个不同的字符。在计算机存储器中，通常用一个字节(8 位)表示 ASCII 码，其最高位用作奇偶校验位。7 位二进制数的取值范围从最小的 0000000 到最大的 1111111，换算为十进制数的范围是 0～127。

在 128 个 ASCII 码中，前 33 个及最后一个码均为控制符，其余 94 个为各类字符与符号，如表 1-2 所示。

表 1-2　ASCII 码

$b_4b_3b_2b_1$	$b_7b_6b_5$							
	000	001	010	011	100	101	110	111
0000	NUL	DLE	SP	0	@	P	`	p
0001	SOH	DC1	!	1	A	Q	a	q
0010	STX	DC2	“	2	B	R	b	r
0011	ETX	DC3	#	3	C	S	c	s
0100	EOT	DC4	$	4	D	T	d	t
0101	ENQ	NAK	%	5	E	U	e	u
0110	ACK	SYN	&	6	F	V	f	v
0111	BEL	ETB	‘	7	G	W	g	w
1000	BS	CAN	(	8	H	X	h	x
1001	HT	EM	)	9	I	Y	i	y
1010	LF	SUB	*	:	J	Z	j	z
1011	VT	FSC	+	;	K	[	k	{
1100	FF	FS	,	<	L	\	l	|
1101	CR	GS	−	=	M	]	m	}
1110	SO	RS	.	>	N	^	n	~
1111	SI	US	/	?	O	_	o	DEL

2) 中文编码的演进与应用

在计算机信息处理领域，为实现对汉字的有效处理与存储，多种中文编码标准相继诞生，并在不同时期发挥着重要作用，推动着中文信息处理技术的发展。

(1) 国标码 (GB2312—1980)。

GB2312—1980(全称为《信息交换用汉字编码字符集 - 基本集》) 是中国国家标准简体中文字符集，其诞生源于汉字信息处理的迫切需求，旨在使计算机能够处理和存储汉字信息。

该编码采用双字节形式，每个字节的最高位固定为 1。共收录了 7445 个字符，包括 6763 个汉字 (其中一级汉字 3755 个，二级汉字 3008 个) 和 682 个非汉字字符 (包括拉丁字母、希腊字母、日文假名等)。

早期，国标码广泛应用于中文计算机系统、中文文档编辑等领域，成为国产软件中文信息处理的重要基础。

(2) Unicode 和 UTF-8。

Unicode 是国际标准字符编码，旨在为全球所有字符，包括各种语言文字、符号，提供统一编码。UTF-8 是 Unicode 的一种可变长度编码实现方式。

Unicode 为每个字符分配唯一的代码点，通常以十六进制表示。UTF-8 根据字符代码点范围动态使用 1～4 B 编码，常见汉字占 3 B。

在互联网与跨语言的软件系统中，Unicode 和 UTF-8 应用极为广泛。鉴于其能够处理多种语言字符，众多网页、跨国公司的软件产品 (如操作系统、办公软件等) 均支持 UTF-8，极大方便了全球用户的使用。

第二章　Windows 操作系统

实践一　Windows 操作系统的基本操作

【实践目的】

(1) 掌握 Windows 10 的启动与退出。
(2) 掌握 Windows 10 的基本操作方法。
(3) 掌握 Windows 10 窗口的操作方法。

【实践内容及步骤】

1. 启动和退出 Windows

(1) Windows 的启动。当计算机接通电源并按下电源按钮后，系统随即启动自检程序，对 CPU、内存、硬盘等关键硬件进行自检，以确保其正常运行。在此过程中，若发现硬件存在故障隐患，计算机将通过发出特定蜂鸣声或在屏幕上显示详细错误信息，便于及时排查问题。

顺利通过硬件自检后，计算机将依据预设引导路径，激活 Windows 操作系统的引导加载程序，加载操作系统运行所需的核心文件以及各类必备驱动程序。

当内核与驱动初始化完成后，系统界面将切换至登录页面。用户需选择用户名并输入密码以完成身份验证。登录成功后，系统会加载配置文件，呈现用户的桌面布局、个性化设置以及常用应用程序快捷方式等。

(2) Windows 的退出。单击【开始】，选择【电源】选项下的【关机】，或使用【Alt + F4】组合键，在弹出的【关闭 Windows】对话框中选择【关机】。

若遇到计算机死机、蓝屏等特殊情况，可长按电源按钮，强制关机。此方式可能导致数据丢失，且频繁使用会损害硬件和软件系统，应尽量避免。

2. 添加桌面图标

(1) 添加系统图标。右键单击桌面空白处，在弹出的快捷菜单中选择【个性化】。在打开的【设置】窗口中单击【主题】，在右侧窗口中找到【桌面图标设置】并单击。在弹出的【桌面图标设置】窗口中勾选【计算机】、【用户的文件】、【网络】、【回收站】、【控制面板】即可将其添加到桌面，如图 2-1 所示。

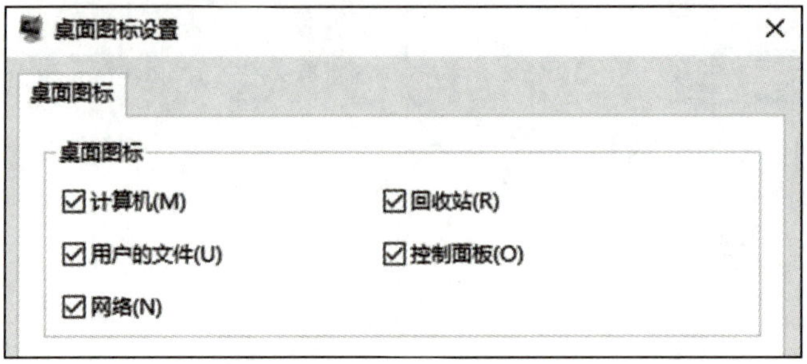

图 2-1　添加系统图标

(2) 添加应用程序图标。在桌面上添加“记事本”的快捷图标，操作步骤如下：单击【开始】按钮，在左侧的程序列表中找到【Windows 附件】文件夹，单击展开，找到【记事本】，右键单击，在弹出的菜单中选择【更多】→【发送到】→【桌面快捷方式】。

3. 查看计算机系统信息

右键单击桌面上的【此电脑】图标，在弹出的菜单中选择【属性】。在打开的【设置】窗口中，可查看当前计算机的基本信息，如 CPU、内存大小、计算机名、操作系统类型、版本等，如图 2-2 所示。

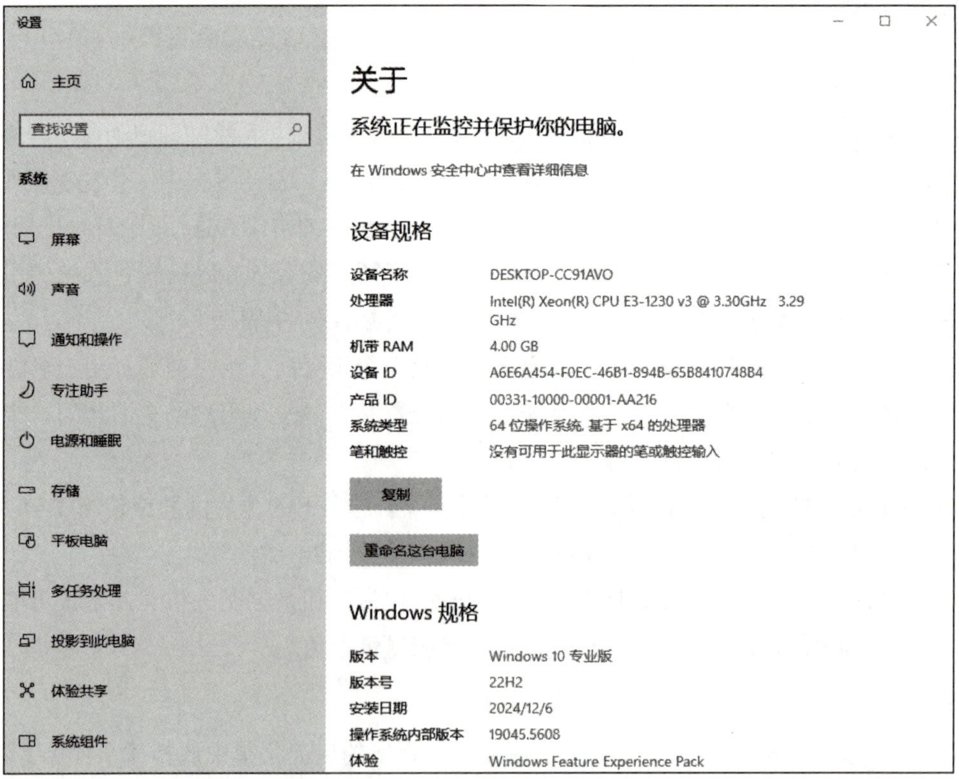

图 2-2　查看计算机信息

4. 设置桌面背景及主题

(1) 修改桌面背景。右键单击桌面空白处，在弹出的快捷菜单中选择【个性化】。打开【设置】窗口中单击【背景】，在右侧窗口的【背景】下选择图片即可更改桌面背景。

(2) 修改主题。右键单击桌面空白处，在弹出的快捷菜单中选择【个性化】。打开【设置】窗口中单击【主题】，在【更改主题】下方有多种 Windows 默认主题供选择使用，单击即可应用该主题，如图 2-3 所示。

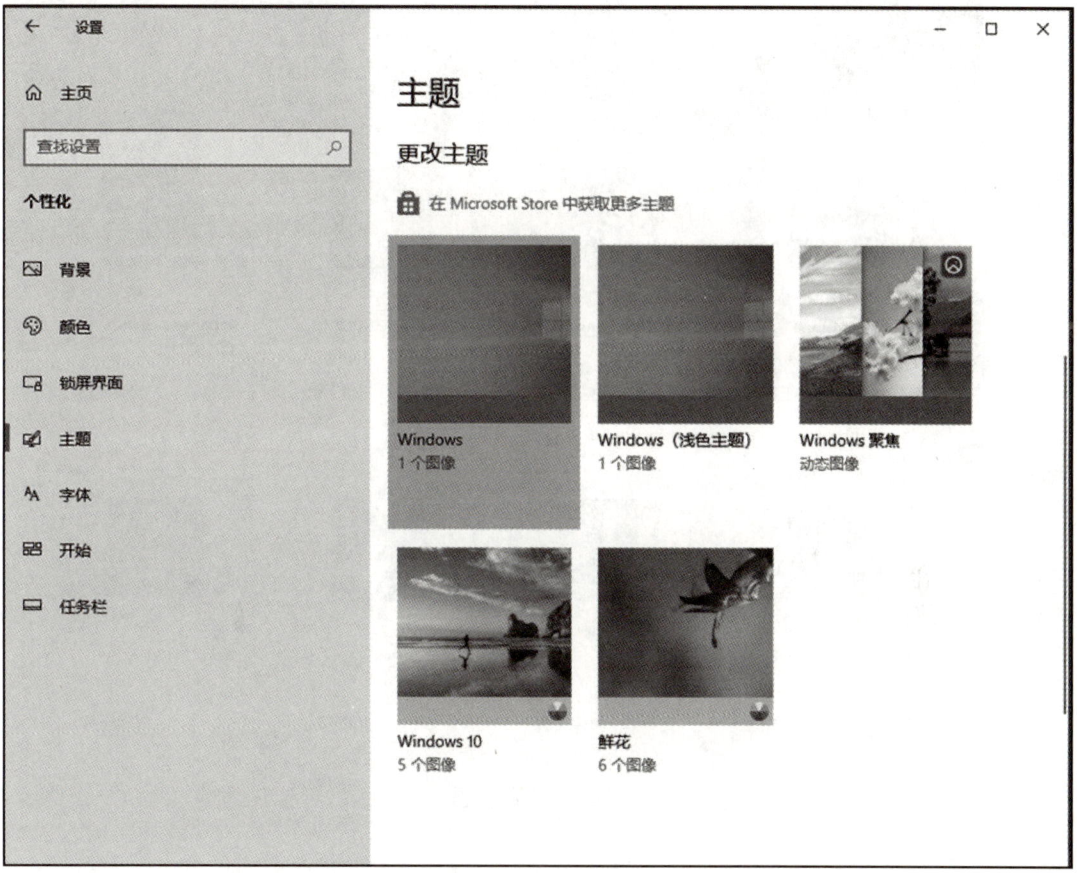

图 2-3 修改主题

若需要更多主题，可单击【在 Microsoft Store 中获取更多主题】。如果计算机已联网，系统将自动打开 Microsoft Store 并跳转至 Windows 主题页面，该页面提供大量免费主题，可根据个人喜好下载使用，如图 2-4 所示。

图 2-4　下载主题

5. 任务栏的设置

在任务栏上单击右键，在弹出的菜单中选择【任务栏设置】，即可打开【任务栏】对话框。在此对话框中可对任务栏进行以下设置：

(1) 锁定任务栏。此功能开启后，任务栏将被锁定，无法通过鼠标拖拽调整其位置或大小。

(2) 自动隐藏任务栏。打开【在桌面模式下自动隐藏任务栏】后，将鼠标指针移动到任务栏所在的区域 (如屏幕底部) 时，任务栏会自动显示，鼠标指针移开后，任务栏会自动隐藏。自动隐藏任务栏可以让应用程序窗口获得更多的屏幕空间。

(3) 任务栏位置调整。找到【任务栏在屏幕上的位置】，单击下拉菜单，可将任务栏设置在屏幕底部、左侧、右侧或顶部。例如，显示器竖屏放置时，将任务栏设置在屏幕左侧或右侧会更方便操作，也可更好地利用竖屏的纵向空间。

(4) 通知区域设置。在【通知区域】选项下，可对通知区域的图标进行详细设置。可通过【选择哪些图标显示在任务栏上】将常用的应用程序图标和系统图标（如微信、网络、声音等）显示在通知区域，不常用的隐藏起来。还可通过【打开或关闭系统图标】禁用不使用的系统图标，使通知区域更简洁。

(5) 新闻和兴趣。打开此功能后，将在通知区域的左侧显示天气信息、新闻等实时信息。

6. 窗口操作方法

以应用程序【记事本】为例。

(1) 窗口的最大化、还原与最小化。打开【记事本】，单击窗口标题栏右侧的【最大化】□，窗口将铺满全屏，按钮 □ 将变成【还原】⧉，单击【还原】窗口恢复初始大小。

单击窗口标题栏右侧的【最小化】—，窗口将缩小并隐藏到任务栏中，单击任务栏上的【记事本】图标，窗口将再次显示在屏幕上。

(2) 改变窗口大小。通过拖拽窗口的 4 条边框线和 4 个角都可对窗口的大小进行调节。

将鼠标放置在窗口的上下边框线上，鼠标指针变为上下箭头⇕，按住鼠标左键拖拽可调节窗口的高度。

将鼠标放置在窗口的左右边框线上，鼠标指针变为左右箭头⇔，按住鼠标左键拖拽可调节窗口的宽度。

将鼠标放置在窗口的 4 个角上，鼠标指针变为⤡箭头或⤢箭头，按住鼠标左键拖拽可同时调节窗口的高度和宽度。

(3) 移动窗口的位置。将鼠标指针放置在窗口的标题栏，按住鼠标左键拖拽，可移动该窗口到屏幕任意指定位置。

(4) 排列窗口。当屏幕上有多个窗口并存时，右键单击任务栏空白处，在弹出的菜单中选择【层叠窗口】，此时所有窗口以层叠方式排列。右键单击任务栏空白处，选择【撤销层叠所有窗口】，即可还原至原来排列状态。依照上述方法，还可以设置窗口为“堆叠显示窗口”“并排显示窗口”。

(5) 窗口的切换。单击任务栏上的窗口图标即可切换到该窗口。

按住【Alt】键，再按【Tab】键可进行窗口切换。每按一次【Tab】键，会在当前打开的所有窗口（包括最小化的窗口）之间进行切换，并且会有一个窗口切换的预览框显示当前切换的窗口内容。当切换到目标窗口后，松开【Alt】和【Tab】键即可切换到选中的窗口。

使用【Win + Tab】组合键，屏幕上将显示所有窗口的缩略图，鼠标单击要切换的窗口，即可切换至该窗口。

(6) 关闭窗口。关闭窗口的方法有以下几种：

a. 单击标题栏右侧的【关闭】✕。

b. 鼠标移动到标题栏单击右键，在弹出的菜单中选择【关闭】。

c. 鼠标移动到任务栏的窗口图标上，单击右键，选择【关闭窗口】。

d. 鼠标移动到任务栏窗口图标上悬停，显示缩略图后，单击缩略图右上角的【关闭】。

e. 使用【Alt + F4】组合键关闭窗口。

实践二　Windows 环境设置及使用

【实践目的】

(1) 掌握 Windows 10 时间和日期的设置方法。

(2) 掌握 Windows 10 用户的创建和设置方法。

(3) 掌握 Windows 10 软件的安装和卸载方法。

(4) 掌握 Windows 10 工具的使用方法。

【实践内容及步骤】

1. 设置时间和日期

单击【开始】菜单，选择【设置】，打开【Windows 设置】对话框。找到并单击【时间和语言】选项，进入【日期和时间】设置页面。若计算机处于联网状态，设置【自动设置时间】和【自动设置时区】为开启状态，单击【立即同步】。Windows 会通过网络时间协议与服务器同步，自动获取当前准确时间。

如需要手动设置时间和日期，需先关闭【自动设置时间】选项，然后单击【更改】。在弹出的【更改日期和时间】对话框中，手动调整日期和时间，单击【更改】完成设置，如图 2-5 所示。

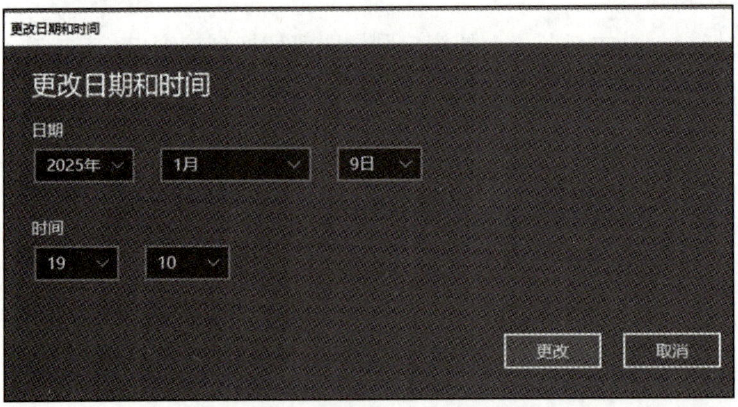

图 2-5　手动设置日期和时间

2. 创建 Windows 用户

单击【开始】菜单，选择【设置】，打开【Windows 设置】对话框。找到并单击【账户】选项，进入【账户】设置页面。单击页面左侧【家庭和其他用户】选项，进入【家庭和其他用户】设置页面。在该页面找到【将其他人添加到这台电脑】并单击，在弹出的【Microsoft 账户】对话框中单击【我没有这个人的登录信息】，在【个人数据导出许可】页面单击【同意并继续】，在【创建账户】下选择并单击【添加一个没有 Microsoft 账户的用户】，进入创建新用户界面。输入用户名“user”，输入两次相同的密码，设置 3 个密码提示问题及答案。单击【下一步】，完成新用户创建。新创建的用户会显示在用户列表中。

在用户列表中单击新创建的用户单击【删除】，可以删除该用户。单击【更改账户类型】，可以将账户类型从“标准用户”更改为“管理员”，或者从“管理员”更改为“标准用户”。

3. 安装与卸载应用程序

(1) 微信 Windows 版的下载与安装。打开 Microsoft Edge 浏览器，在地址栏输入微信官方下载地址 https://pc.weixin.qq.com/，按回车键进入。在官网找到【微信 Windows 版】的下载按钮，单击进行下载，等待安装包下载完成。

下载完成后，在浏览器的下载文件中找到“WeChatSetup.exe”安装文件，双击后运行，如图 2-6 所示。

图 2-6　下载微信安装包

根据安装提示完成安装后，桌面将自动生成微信图标。双击该图标打开微信，在登录界面可使用手机微信扫描二维码登录，也可使用账号和密码登录。登录成功后即可在电脑上使用微信了。

(2) 卸载微信。单击【开始】菜单，选择【设置】，打开【Windows 设置】对话框。找到并单击【应用】选项，进入【应用和功能】页面。在应用列表中找到【微信】并单击，在展开的区域中单击【卸载】，如图 2-7 所示。在弹出的【确定卸载】对话框中选择【卸载】，Windows 将自动完成卸载。

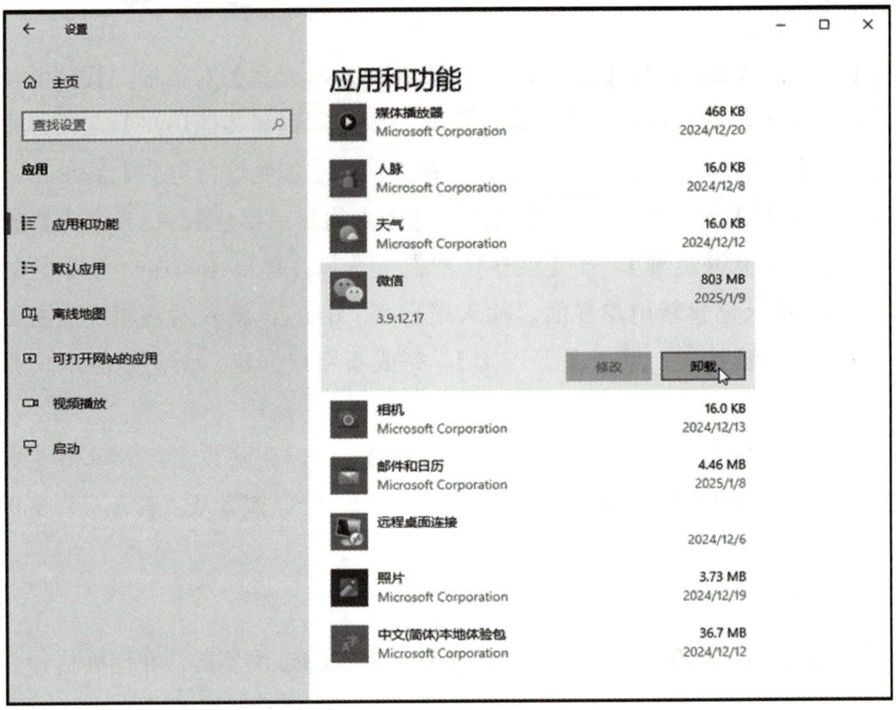

图 2-7 卸载微信

4. 截图工具的使用

Windows 10 内置了多个截图工具，可以满足不同场景下的截图需求。

(1) 全屏截图。使用【Print Screen】键，整个屏幕的内容会被复制到剪贴板。可以打开任意图像编辑软件(如“画图”)，通过【Ctrl + V】组合键粘贴图像并保存。

(2) 截图工具 (Snipping Tool)。在搜索框中(若没有搜索框，可右键单击任务栏的空白处，在【搜索】中选择【显示搜索框】)输入“截图工具”，在搜索结果中找到并单击【截图工具】应用程序。截图工具提供了任意格式截图、矩形截图、窗口截图、全屏截图等多种模式。截图完成后会自动弹出编辑页面，可以使用工具栏中的各种绘图工具进行简单编辑。若要保存该图片，可以单击【文件】中的【另存为】，支持保存为 PNG、JPEG、BMP 等格式。

(3) 截图和草图。在搜索框中输入“截图和草图”，在搜索结果中找到并单击【截图和草图】应用程序，也可使用【Win + Shift + S】组合键直接打开截图工具。启动后屏幕会变暗，顶部出现工具栏，提供矩形截图、任意形状截图、窗口截图和全屏截图 4 种模式。截图完成后可在编辑页面进行编辑，或单击【另存为】保存截图。也可使用【Ctrl + V】组合键将截图直接粘贴到其他应用程序中。

5. Windows 附件的使用

(1) 计算器。打开计算器的方法有两种：第一种方法，单击【开始】，在程序列表中找到【计算器】并单击打开；第二种方法，在搜索框中输入“计算器”，在搜索结果中单击打开。

打开计算器后，默认是标准模式，可进行加、减、乘、除等基本运算。可以通过计算器界面按钮或键盘输入表达式，输入完成后单击【=】或回车键，即可得到计算结果。计算器还提供历史记录功能，单击右上角的 按钮可查看之前的计算记录。如图 2-8 所示。

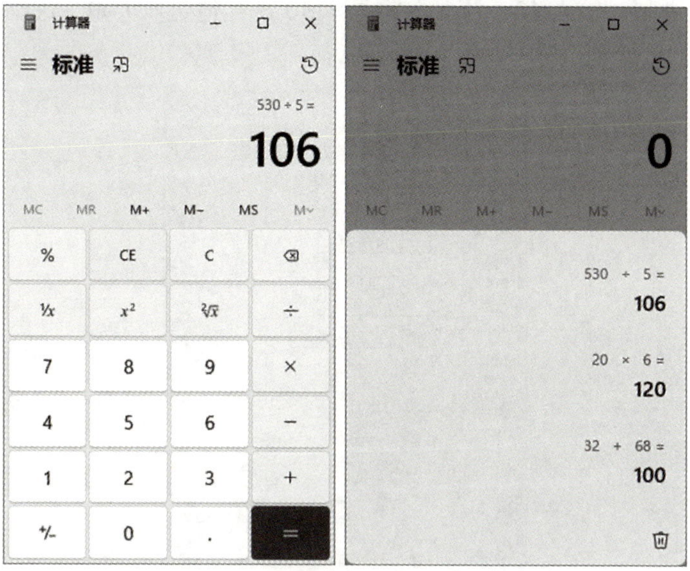

图 2-8　计算器计算及历史记录

标准模式是计算器常用的计算模式，除此之外，计算器还提供多种计算模式供用户选择。单击【标准】左侧的 ，可选择其他计算模式，如图 2-9 所示。

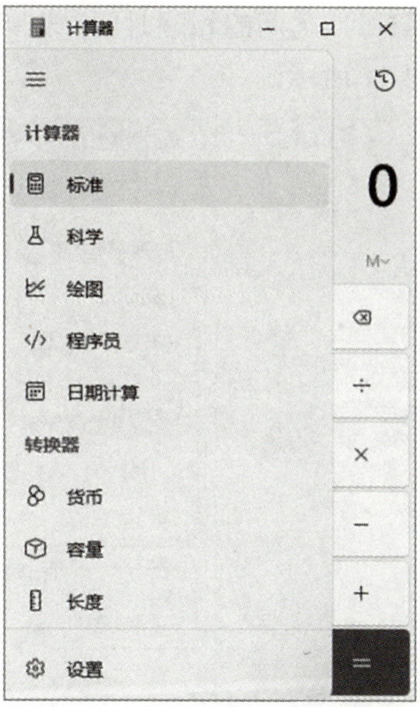

图 2-9　计算器模式选择

计算器其他计算模式有以下几种：

① 科学模式：用于三角函数计算。

a. 正弦函数：计算 sin(30°)，输入 30，按【sin】键，结果为 0.5。

b. 余弦函数：计算 cos(60°)，输入 60，按【cos】键，结果为 0.5。

c. 正切函数：计算 tan(45°)，输入 45，按【tan】键，结果为 1。

② 程序员模式：用于进制转换。

例如选择十进制，输入 10，计算器将显示 10 在其他进制 (如二进制、八进制、十六进制) 的表示方式，如图 2-10 所示。

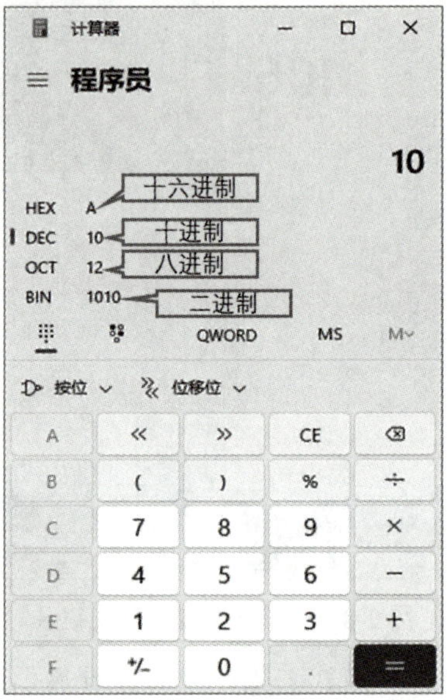

图 2-10　进制转换

③ 日期计算模式：可以计算日期之间的相隔时间，也可计算某个日期“添加”或“减去”指定天数后的日期，如图 2-11 所示。

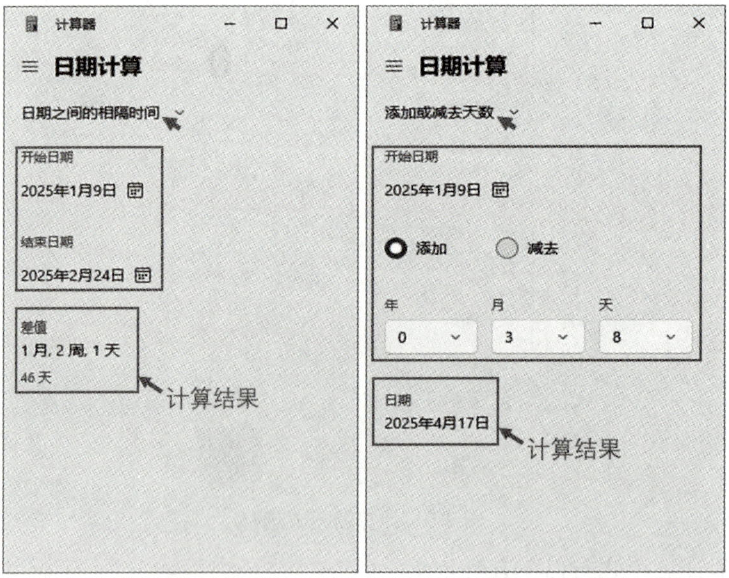

图 2-11　日期计算

计算器还可以作为转换器使用，支持货币、容量、长度等度量单位的换算，如图 2-12 所示。

注意：货币转换前可单击【更新汇率】，使用当前最新汇率。

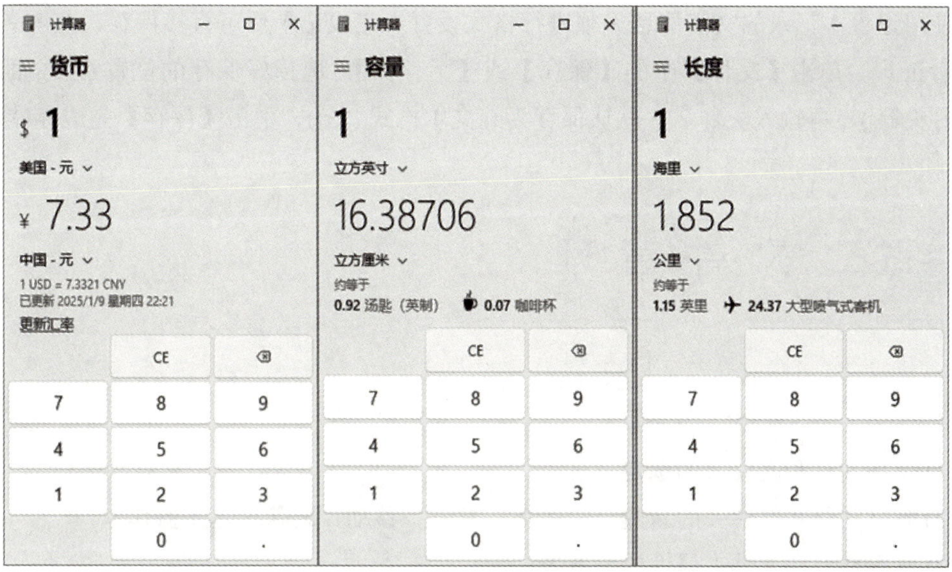

计算器
货币
$ 1
美国 - 元
¥ 7.33
中国 - 元
1 USD = 7.3321 CNY
已更新 2025/1/9 星期四 22:21
更新汇率
容量
1
立方英寸
16.38706
立方厘米
约等于
0.92 汤匙（英制）
0.07 咖啡杯
长度
1
海里
1.852
公里
约等于
1.15 英里
24.37 大型喷气式客机
CE
7 8 9
4 5 6
1 2 3
0 .

图 2-12　计算器转换功能

(2) 记事本。单击【开始】，在程序列表中找到【Windows 附件】，单击该文件夹后找到【记事本】并单击打开。

打开记事本后，会显示空白的文本编辑区域，支持输入各类文字内容 (如课堂笔记、读书笔记、程序代码等)。输入过程中，回车键用于换行，退格键用于删除光标前的字符，Delete 键用于删除光标后的字符。因为其简单易操作，所以使用者能更专注于文字内容的创作，如图 2-13 所示。

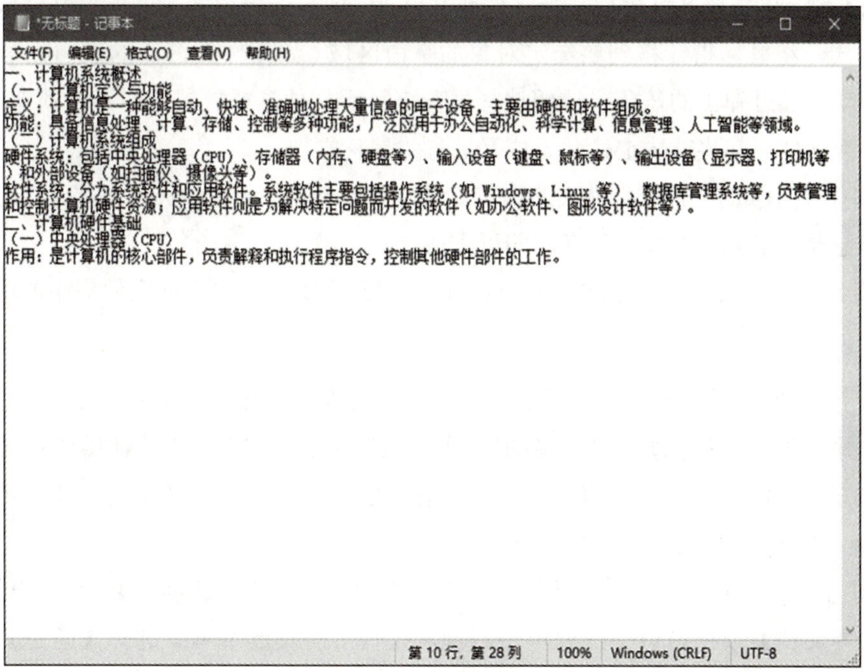

*无标题 - 记事本
文件(F) 编辑(E) 格式(O) 查看(V) 帮助(H)
一、计算机系统概述
（一）计算机定义与功能
定义：计算机是一种能够自动、快速、准确地处理大量信息的电子设备，主要由硬件和软件组成。
功能：具备信息处理、计算、存储、控制等多种功能，广泛应用于办公自动化、科学计算、信息管理、人工智能等领域。
（二）计算机系统组成
硬件系统：包括中央处理器（CPU）、存储器（内存、硬盘等）、输入设备（键盘、鼠标等）、输出设备（显示器、打印机等）和外部设备（如扫描仪、摄像头等）。
软件系统：分为系统软件和应用软件。系统软件主要包括操作系统（如 Windows、Linux 等）、数据库管理系统等，负责管理和控制计算机硬件资源；应用软件则是为解决特定问题而开发的软件（如办公软件、图形设计软件等）。
二、计算机硬件基础
（一）中央处理器（CPU）
作用：是计算机的核心部件，负责解释和执行程序指令，控制其他硬件部件的工作。
第 10 行，第 28 列 100% Windows (CRLF) UTF-8

图 2-13　记事本

使用记事本记录的文字信息无须进行格式设置，完成记录后可直接保存，兼容各类文本查看工具。单击【文件】中的【保存】或【另存为】，选择好保存的位置(如桌面、文档文件夹等)，再输入文件名，默认保存为纯文本格式(.txt)，单击【保存】完成存储。

实践三 文件管理

【实践目的】

(1) 掌握文件和文件夹的选定方法。

(2) 掌握文件和文件夹的新建、重命名、复制、移动、删除等基本操作。

(3) 掌握文件和文件夹属性的设置方法。

【实践内容及步骤】

1. 文件和文件夹的选定

(1) 单个文件或文件夹的选定。将鼠标指针移动到目标文件或文件夹上，单击鼠标左键即可选定。

(2) 多个连续的文件或文件夹的选定。第一种方式，单击该区域第一个文件或文件夹，按住【Shift】键，单击该区域最后一个文件或文件夹，即可选定该区域的所有文件或文件夹。第二种方式，将鼠标指针移到要选定对象的空白区域(如文件夹窗口的空白处)，按住鼠标左键拖动，通过弹出的蓝色半透明选择框覆盖目标文件，释放鼠标左键，所有在选择框内的文件或文件夹都将被选定。此方式又被称为鼠标框选。

(3) 多个不连续的文件或文件夹的选定。选定第一个文件或文件夹，按住【Ctrl】键，逐个单击其他要选定的文件或文件夹，即可完成选定。

(4) 全部文件或文件夹的选定。使用【Ctrl + A】组合键会选中当前文件夹中的所有内容。

2. 新建文件和文件夹

在D盘新建“介绍.txt”“项目预算.xlsx”“项目设计图.bmp”3个文件及“基建项目”文件夹，并在此文件夹下新建“效果图”“预算表”两个子文件夹。具体操作步骤如下：

(1) 双击桌面上的【此电脑】，在打开的对话框中找到并双击【本地磁盘(D:)】，打开【本地磁盘(D:)】对话框。

(2) 打开【主页】选项卡，在【新建】组中找到并单击【新建项目】，在弹出的列表中选择【文本文档】或在窗口空白处单击右键，在弹出的快捷菜单中选择【新建】，并在弹出的列表中选择【文本文档】，如图2-14所示。

图 2-14　新建文件

(3) 此时系统会在【本地磁盘 (D:)】目录下新建一个名为【新建文本文档 .txt】的文件，文件名处于可编辑状态，输入新名称“介绍”后单击回车键或鼠标左键单击空白处即可新建一个名为“介绍”的文本文件。

(4) 按照步骤 (2)、(3)，新建【BMP 图像】文件，将其命名为“项目设计图”。新建【Microsoft Excel 工作表】文件，将其命名为“项目预算”。完成后效果如图 2-15 所示。

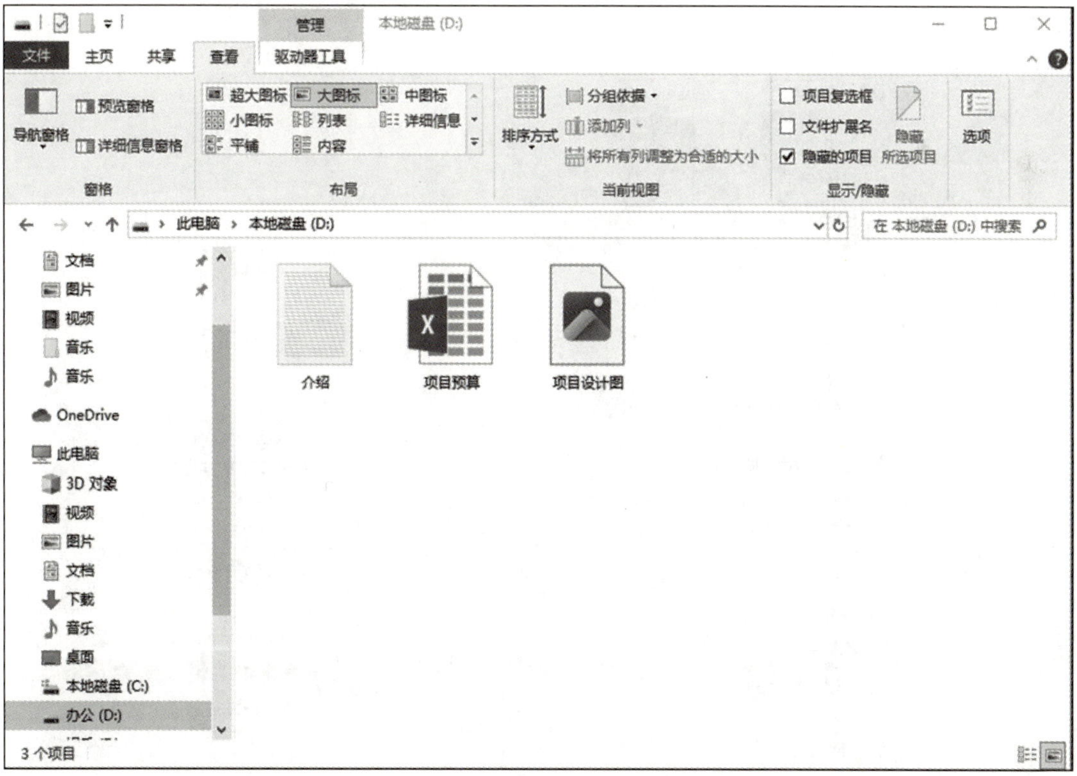

图 2-15　新建文件效果

(5) 在【本地磁盘 (D:)】目录下打开【主页】选项卡，在【新建】组中找到并单击【新建项目】，在弹出的列表中选择【文本夹】或者在窗口空白处单击右键，在弹出的快捷菜单中选择【新建】，并在弹出的列表中选择【文本夹】。此时系统将在“本地磁盘 (D:)”目录下新建一个名为“新建文件夹”的文件夹，且该文件夹的名称处于可编辑状态，输入“基建项目”后单击回车键或单击空白处即可新建一个名为“基建项目”的文件夹。

(6) 鼠标双击打开“基建项目”文件夹，按照步骤 (5)，在“基建项目”文件夹下新建“效果图”“预算表”两个子文件夹。

3. 复制、移动、删除文件和文件夹

将文本文件“项目”复制到“基建项目”文件夹中，将图片文件“项目设计图”移动到“基建项目”文件夹下的“效果图”子文件夹中，将表格文件“项目预算”移动到“基建项目”文件夹下的“预算表”子文件夹中。具体操作步骤如下：

(1) 双击桌面上的【此电脑】，在打开的窗口中找到并双击【本地磁盘 (D:)】，打开【本地磁盘 (D:)】对话框。

(2) 选中【介绍】文件，单击右键，在弹出的菜单中选择【复制】，如图 2-16 所示，或使用【Ctrl + C】组合键复制该文件。

(3) 双击打开“基建项目”文件夹，将鼠标指针置于空白处单击右键，在弹出的菜单中选择【粘贴】，如图 2-17 所示，或使用【Ctrl + V】组合键粘贴文件，完成文件的复制。

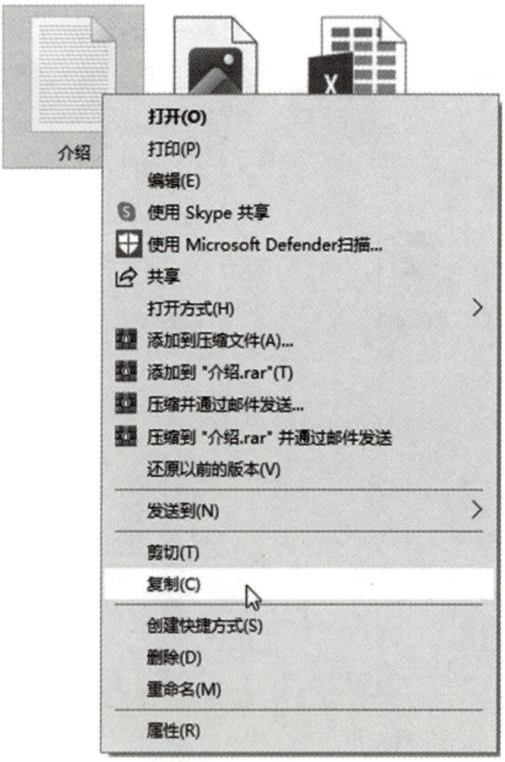

图 2-16 复制文件

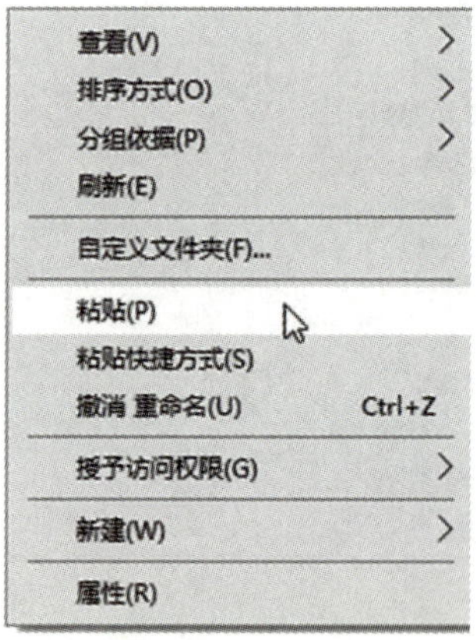

图 2-17 粘贴文件

(4) 返回【本地磁盘 (D:)】，选中【项目设计图】文件，将鼠标指针放置在选中文件上，单

击右键，在弹出的菜单中选择【剪切】，如图 2-18 所示，或使用【Ctrl + X】组合键剪切该文件。

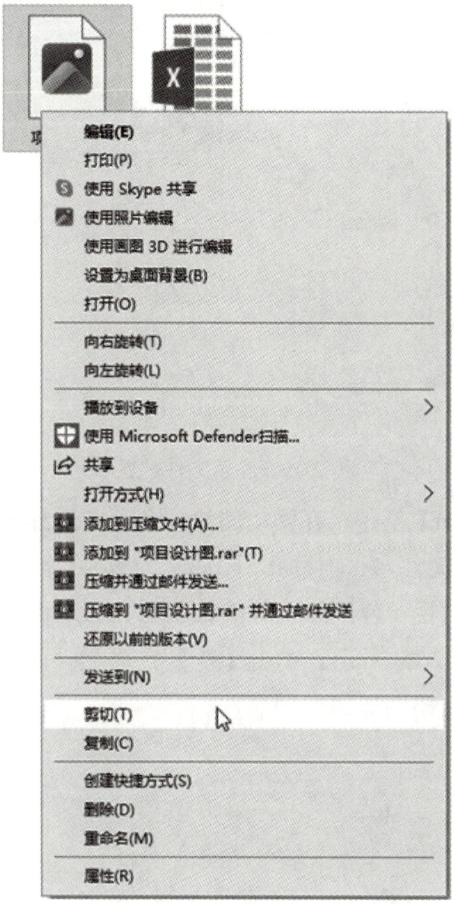

图 2-18　剪切文件

(5) 双击打开【基建项目】文件夹，再次双击打开【效果图】子文件夹，将鼠标指针置于空白处单击右键，在弹出的菜单中选择【粘贴】，如图 2-17 所示，或使用【Ctrl + V】组合键粘贴文件，完成文件的移动。

(6) 按照 (4)、(5) 步骤，将“项目预算”文件移动到“基建项目”文件夹下的“预算表”子文件夹中。

(7) 返回【本地磁盘 (D:)】，选中“介绍”文件，将鼠标指针放置在选中文件上，单击右键，在弹出的菜单中选择【删除】，或按【Delete】键，删除该文件。

4. 重命名文件和文件夹

将“基建项目”文件夹中的“介绍”文本文件重命名为“项目介绍”的 Word 文档，步骤如下：

(1) 打开【本地磁盘 (D:)】，双击打开【基建项目】文件夹。

(2) 在【基建项目】对话框中勾选【查看】选项卡中【显示 / 隐藏】组中的【文件扩展名】

复选框。此时，【介绍】文件将呈现完整的文件名“介绍 .txt”(文本文件的扩展名为 .txt)，如图 2-19 所示。

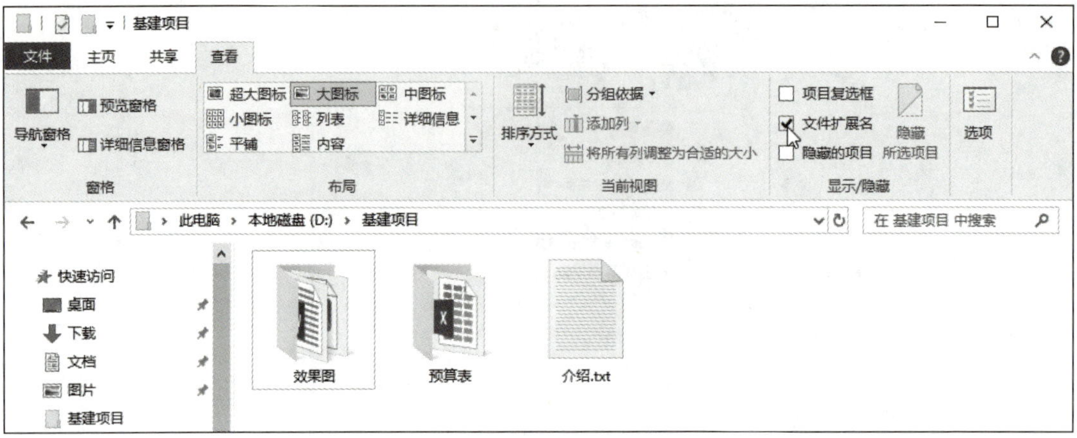

图 2-19　显示文件扩展名

(3) 右键单击【介绍 .txt】文件，在弹出的快捷菜单中选择【重命名】。删除全部文件名 (包括扩展名)，输入新的文件名“项目介绍 .docx”(Word 文档的扩展名为 .docx)，按回车键或左键单击空白处，此时由于修改了文件的扩展名，改变了文件的类型，系统将弹出【重命名】警告对话框，如图 2-20 所示。单击【是】完成文件的重命名，文件图标也将从文本文件图标转变为 Word 文档图标。

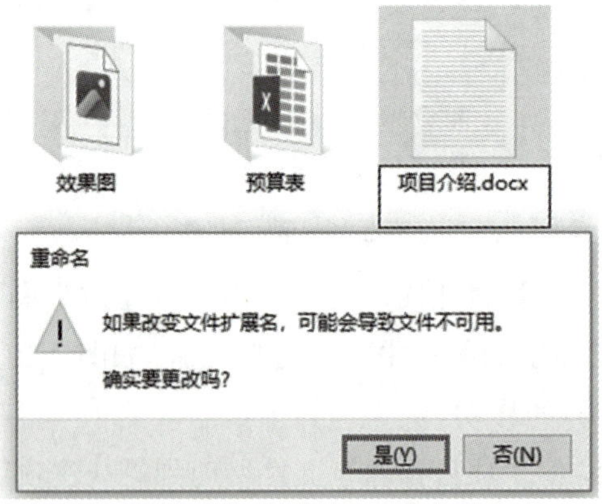

图 2-20　修改扩展名警告

5. 修改文件和文件夹属性

将“项目介绍 .docx”文件设置为隐藏、只读属性，然后取消隐藏属性，步骤如下：

(1) 打开【本地磁盘 (D:)】，双击打开【基建项目】文件夹。

(2) 右键单击【项目介绍 .docx】文件，在弹出的快捷菜单中选择【属性】，打开文件属性对话框。

(3) 在文件属性对话框中【常规】选项卡下找到【只读】和【隐藏】属性，观察两个属性前的复选框，若未勾选，说明此时当前文件不具备这两种属性。勾选【只读】、【隐藏】属性复选框，将为当前文件添加只读、隐藏属性，单击【确定】完成属性的添加，如图 2-21 所示。

图 2-21 添加文件属性

(4) 完成只读、隐藏属性添加后，“项目介绍 .docx”文件具备了隐藏属性，在“基建项目”文件夹中将看不见“项目介绍 .docx”文件。要取消其隐藏属性需要先显示该文件。单击【基建项目】对话框中的【查看】选项卡，勾选【显示 / 隐藏】组中的【隐藏的项目】复选框，这样将显示具备隐藏属性的文件和文件夹 (呈灰白色显示)。右键单击“项目介绍 .docx”文件，在弹出的快捷菜单中选择【属性】，打开【文件属性】对话框，取消【隐藏属性】复选框中的“ √ ”，单击【确定】完成对该文件隐藏属性的取消。

实践四 Windows 网络连接设置

【实践目的】

(1) 掌握有线连接网络的设置方法。

(2) 掌握无线连接网络的设置方法。

【实践内容及步骤】

1. 有线连接网络

将计算机通过网线连接到已经接入网络的交换机或路由器上。有线连接网络的具体步骤如下：

(1) 单击任务栏右侧通知区域中的【网络连接】，选择【网络和 Internet】。打开【网络设置】对话框，如图 2-22 所示。

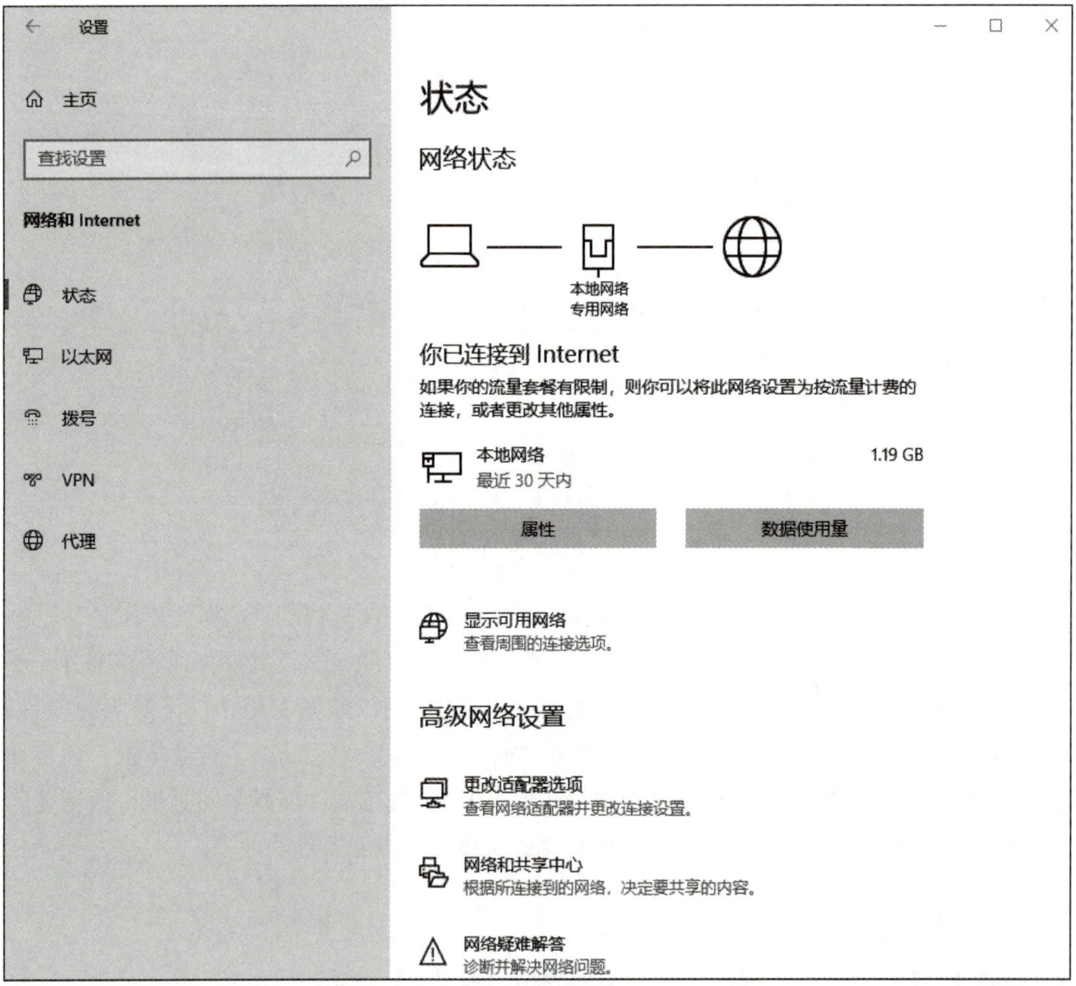

图 2-22　网络设置

(2) 单击【更改适配器选项】，进入【网络连接】对话框。右键单击【本地网络】，在弹出的菜单中选择【属性】，如图 2-23 所示。

(3) 在【本地网络属性】对话框中选择【Internet 协议版本 4(TCP/IPv4)】，然后单击【属性】，将弹出【Internet 协议版本 4(TCP/IPv4)】属性设置对话框，如图 2-24 所示。

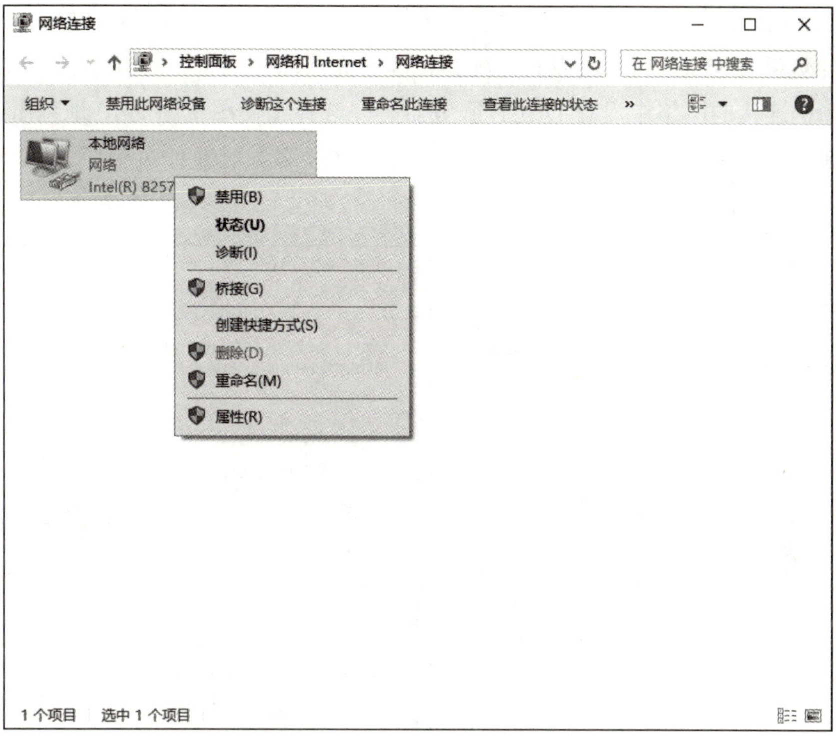

图 2-23　本地网络设置

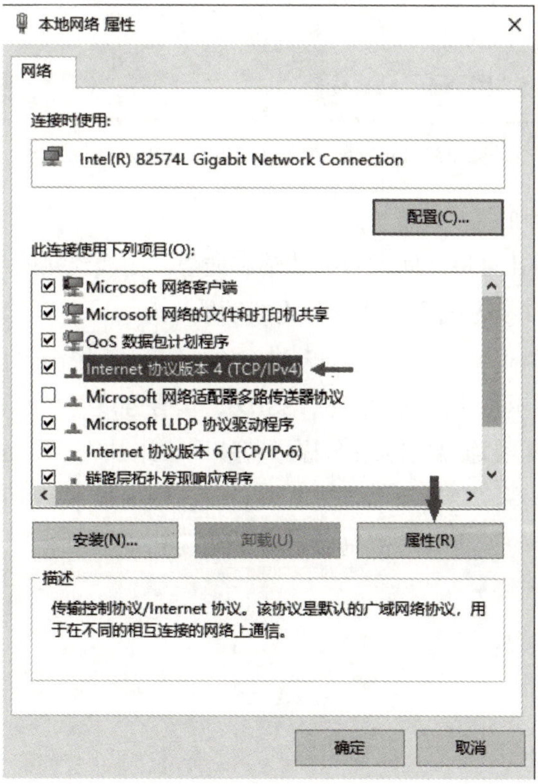

图 2-24　网络属性设置

(4) 当计算机连接的网络中有 DHCP 服务器时，计算机可自动获取网络配置信息。只需选择【自动获取 IP 地址】，无需其他配置，即可完成网络设置。

当计算机连接的网络中没有 DHCP 服务器时，选择【使用下面的 IP 地址】，将从网络管理员处获得的 IP 地址、子网掩码、默认网关、DNS 服务器地址对应填入即可完成网络设置，如图 2-25 所示。

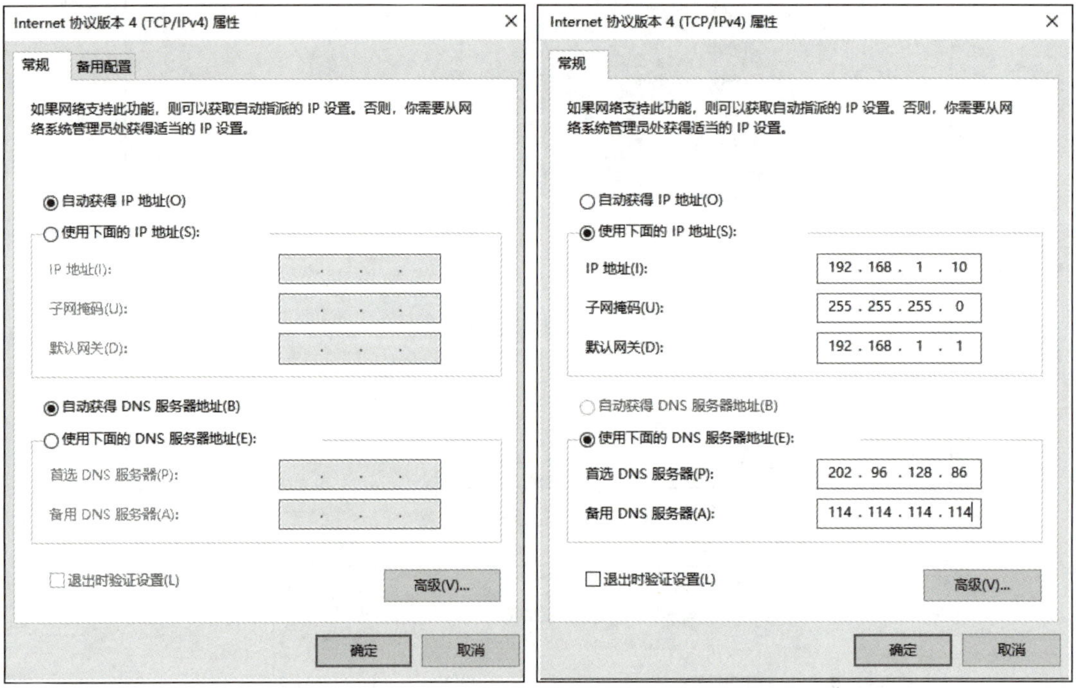

图 2-25　Internet 协议版本 4(TCP/IPv4) 对话框

2. 无线连接网络

利用无线技术实现计算机之间的数据传输和通信。无线连接网络的步骤如下：

(1) 确保计算机已安装无线网卡并开启无线功能。

(2) 单击任务栏右侧通知区域中的【无线网络】，系统会弹出一个包含附近所有可用无线网络的列表且显示每个网络的名称 (SSID)、信号强度等信息。

(3) 在列表中单击需要连接的网络名称。若该网络未加密，Windows 10 就会自动尝试连接，连接成功后网络图标会显示已连接状态。若该网络加密，会弹出【输入网络安全密钥】对话框，输入正确的无线网络密码后单击【连接】即可加入该网络。

第三章　文字处理软件 Word 2016

实践一　文档的输入和编辑

【实践目的】

(1) 掌握 Word 2016 文档新建与保存的方法。
(2) 掌握 Word 2016 文档输入、删除、复制、移动、查找与替换的方法。
(3) 掌握 Word 2016 文档简单排版的方法。

【实践内容及步骤】

1. 新建与保存文档

使用 Word 2016 创建一个新的文档并以“美丽的张家界”为名进行保存，具体操作步骤如下：

(1) 新建文档。单击【开始】菜单，选择程序列表中的【Word 2016】，启动 Word 2016。在打开的【Word 2016】对话框中单击【空白文档】，如图 3-1 所示。

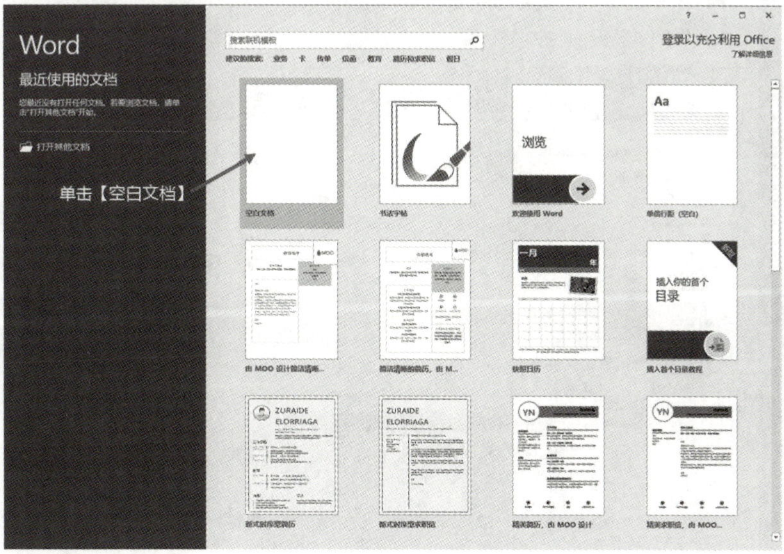

图 3-1　新建空白文档

此时，Word 2016 会新建一个名为“文档 1”的空白文档，如图 3-2 所示。

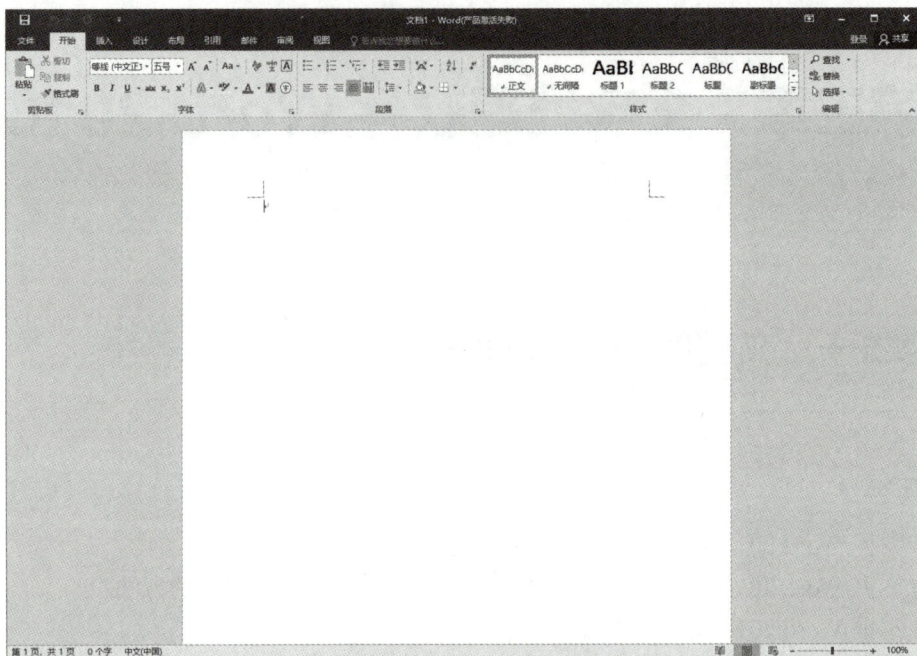

图 3-2 文档 1

(2) 保存文档。单击【文件】选项卡中的【保存】或【另存为】，或单击标题栏中快速访问工具栏里的【保存】，或使用【Ctrl + S】组合键，这 3 种方式都可以保存文档。未保存过的文档首次保存时会以“另存为”的方式保存，如图 3-3 所示。

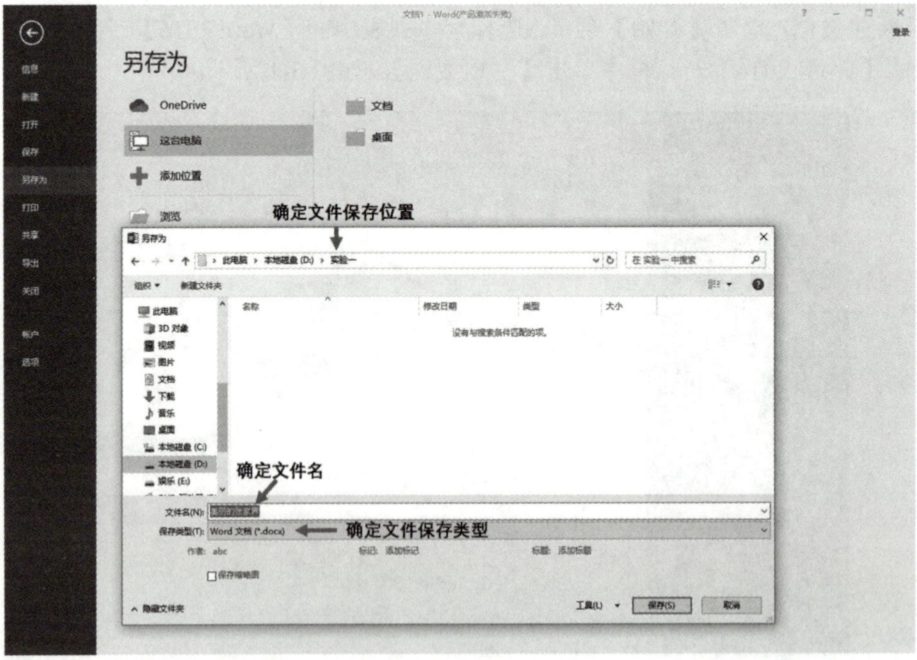

图 3-3 文件另存为

在【另存为】对话框中单击【这台电脑】→【文档】，弹出【另存为】对话框。文件保存位置选择【本地磁盘 (D:)】根目录下的“实验一”文件夹，【文件名】中输入“美丽的张家界”，【保存类型】中确定文件类型为“Word 文档 (*.docx)”，单击【保存】完成文档的保存。

2. 文档的输入

文档新建后即可在新文档中输入内容，Word 一般遵循“先输入，后编排”的原则。选择适合的输入法后输入下列样文中的内容，如图 3-4 所示。

美丽的大庸县
大庸县位于湖南西北部，这里犹如一幅绚丽多彩的山水画卷，散发着令人心醉神迷的独特魅力。
大庸县的山，是大自然用岁月精心雕琢的艺术品。三千奇峰突兀而起，直插云霄。它们或如利箭，气势磅礴；或似仙女，温婉秀丽；或像猛兽，雄浑威严。大庸县的水恰似一条灵动的玉带，穿梭于峰林之间。澄澈见底，水底的沙石粒粒分明，溪畔的花草摇曳生姿，鲜嫩欲滴。漫步溪边，清新的空气沁人心脾，潺潺的流水声和悦耳的鸟鸣声交织成一曲美妙的自然乐章，让人心旷神怡，尘世的纷扰瞬间消散。
大庸县的美，不仅仅局限于山水。这里还洋溢着浓郁的民族风情。土家族、苗族等少数民族的聚居，为这片土地增添了别样的文化底蕴。特色美食香气四溢，土家腊肉的醇厚、三下锅的热辣，让人回味无穷。民族歌舞欢快热烈，摆手舞的豪迈、芦笙舞的悠扬，展现出少数民族的热情与活力，让人沉浸其中，感受着独特的文化魅力。
大庸县，以其奇山异水和多彩民俗，成为了大自然馈赠给人类的瑰宝。它吸引着无数游客慕名而来，只为亲身体验这如诗如画的美景，感受这片土地的神奇与美妙，将其深深印刻在记忆深处，成为心中永恒的向往之地。

图 3-4　输入样文

3. 文本的删除

对于需要删除的文本内容，可采用以下方法：

(1) 逐字删除。将光标放置于待删除内容右侧，按【Backspace】键删除光标左侧的字符。或将光标置于待删除内容左侧，按【Delete】键删除光标右侧的字符。

(2) 批量删除。选中待删除的文本，按【Backspace】或【Delete】键即可。

4. 文本的复制和移动

(1) 将鼠标移动到待选中内容的起始位置，按住左键，拖动鼠标至待选中内容的结束位置，完成文本内容的选中。

(2) 单击【开始】选项卡【剪切板】组中的【复制】(移动文本单击【剪切】)，或右键单击选中的文本，在弹出的快捷菜单中单击【复制】(移动文本选择【剪切】)，或使用【Ctrl + C】组合键 (移动文本使用【Ctrl + X】组合键)，如图 3-5 所示。

将光标移动到需粘贴文本处，单击【开始】选项卡中【剪切板】组中的【粘贴】，或右键单击要粘贴文本的位置，在弹出的快捷菜单中单击【粘贴】，也可使用【Ctrl + V】组合键完成复制或移动。

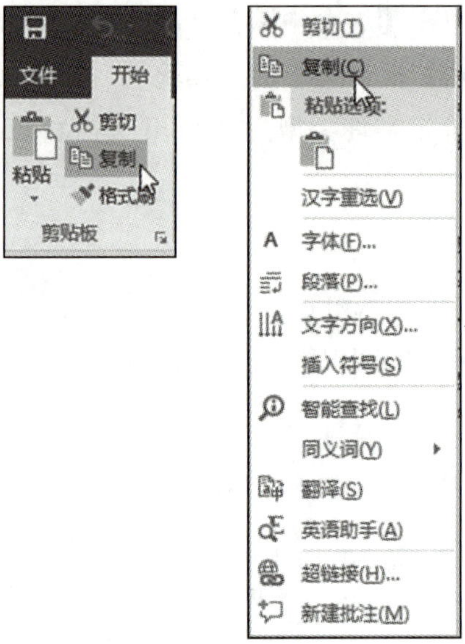

图 3-5　复制文本

5. 查找和替换

文档输入完成后，需要对文档内容进行校对，若发现大量重复的输入错误，可使用查找和替换功能来批量修改，以提高工作效率，避免遗漏。例如，将“美丽的张家界”一文中所有的“大庸县”改成“张家界”，具体操作如下：

(1) 在【开始】选项卡的【编辑】组中找到【替换】并单击，或使用【Ctrl + H】组合键打开【查找和替换】对话框。

(2) 在【替换】选项卡的【查找内容】中输入“大庸县”，在【替换为】中输入“张家界”，如图 3-6 所示。

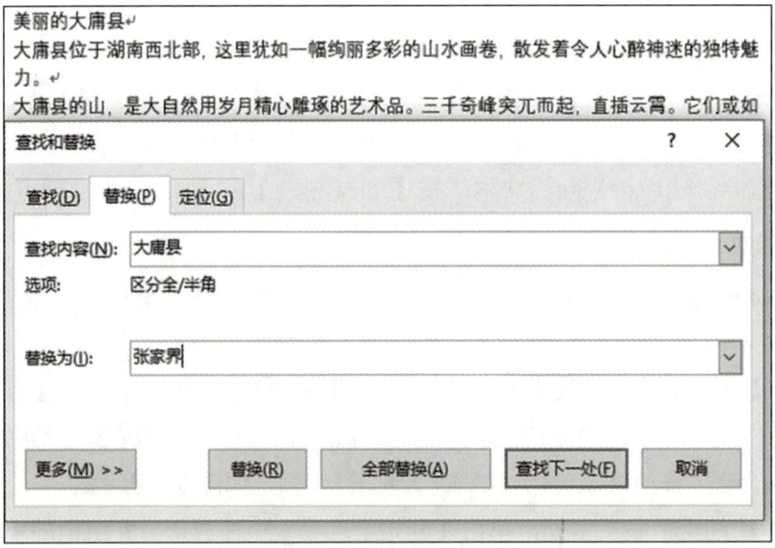

图 3-6　查找和替换

(3) 输入完成后，单击【全部替换】，Word 将提示完成全部替换。依次单击【确定】和

【取消】退出【查找和替换】对话框，如图 3-7 所示。

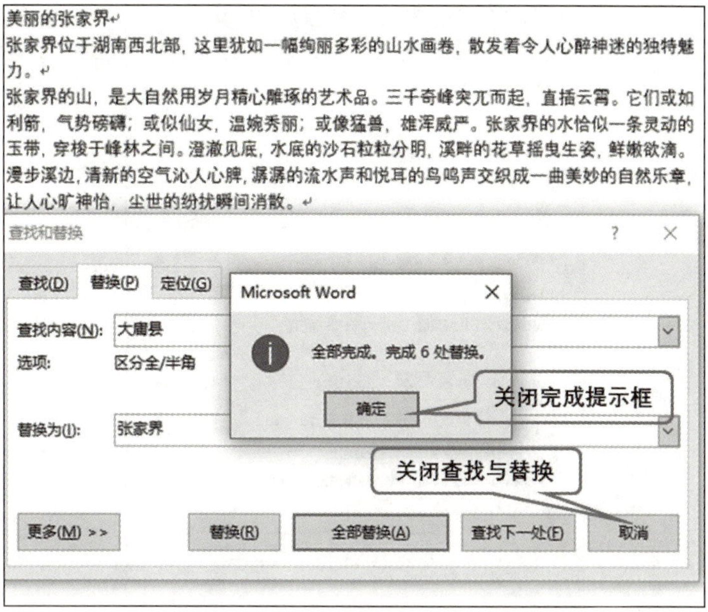
美丽的张家界
张家界位于湖南西北部，这里犹如一幅绚丽多彩的山水画卷，散发着令人心醉神迷的独特魅力。
张家界的山，是大自然用岁月精心雕琢的艺术品。三千奇峰突兀而起，直插云霄。它们或如利箭，气势磅礴；或似仙女，温婉秀丽；或像猛兽，雄浑威严。张家界的水恰似一条灵动的玉带，穿梭于峰林之间。澄澈见底，水底的沙石粒粒分明，溪畔的花草摇曳生姿，鲜嫩欲滴。漫步溪边，清新的空气沁人心脾，潺潺的流水声和悦耳的鸟鸣声交织成一曲美妙的自然乐章，让人心旷神怡，尘世的纷扰瞬间消散。
查找和替换
查找(D)
替换(P)
定位(G)
查找内容(N):
大唐县
选项:
区分全/半角
替换为(I):
张家界
Microsoft Word
全部完成。完成 6 处替换。
确定
关闭完成提示框
关闭查找与替换
更多(M) >>
替换(R)
全部替换(A)
查找下一处(F)
取消

图 3-7　完成查找和替换

6. 字体和段落设置

完成文档的输入和编辑后，可通过调整字体格式和段落格式使文档更加规范、美观。具体操作步骤如下：

(1) 选中标题“美丽的张家界”，在【开始】选项卡的【字体】组中设置字体为黑体、三号，【段落】组中设置对齐方式为居中对齐，如图 3-8 所示。

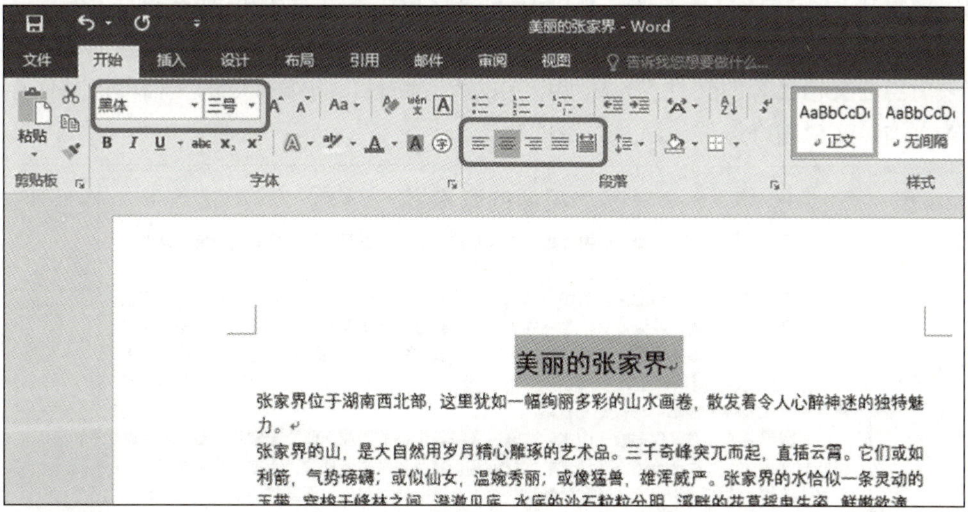
美丽的张家界 - Word
文件
开始
插入
设计
布局
引用
邮件
审阅
视图
告诉我您想要做什么...
黑体
三号
粘贴
剪贴板
字体
段落
样式
AaBbCcD
正文
无间隔
美丽的张家界
张家界位于湖南西北部，这里犹如一幅绚丽多彩的山水画卷，散发着令人心醉神迷的独特魅力。
张家界的山，是大自然用岁月精心雕琢的艺术品。三千奇峰突兀而起，直插云霄。它们或如利箭，气势磅礴；或似仙女，温婉秀丽；或像猛兽，雄浑威严。张家界的水恰似一条灵动的

图 3-8　标题设置

(2) 选中所有正文，在【字体】组中设置字体为仿宋、四号。右键单击选中的文字，在弹出的快捷菜单中单击【段落】，打开【段落】对话框，设置【特殊格式】为首行缩进，设置【缩进值】为 2 字符，单击【确定】，如图 3-9 所示。

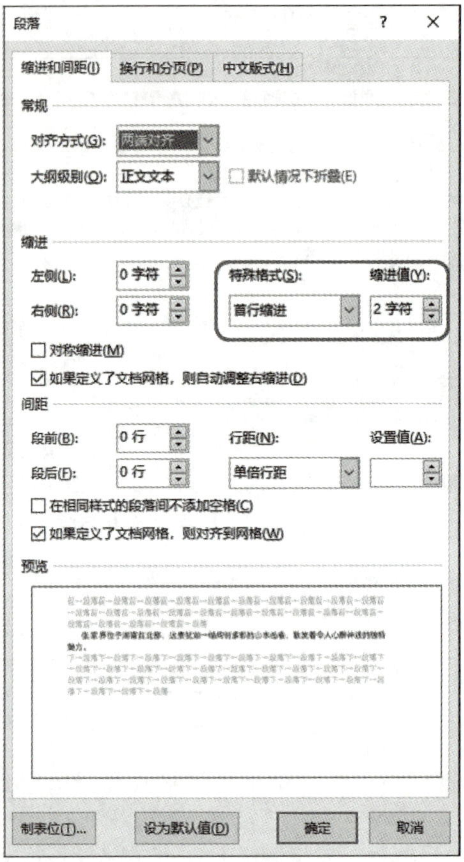

图 3-9　设置首行缩进

完成编排后的文档效果如图 3-10 所示。最后单击【文件】选项卡中的【保存】对文档进行保存 (由于此文档在之前就已经进行过保存操作，因此，再次保存时 Word 2016 会直接采用当前文档已有的文件名，依照既定的保存路径，将编排后的文档覆盖并保存到当前位置，确保文档始终保持最新且完整的状态)。

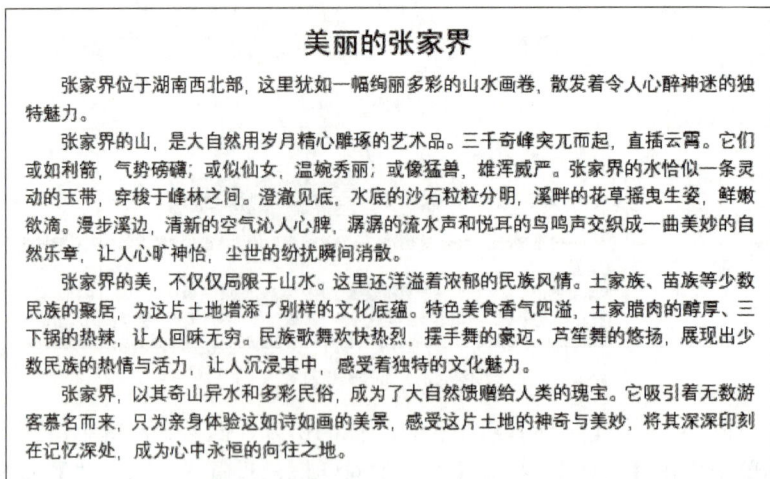

美丽的张家界

张家界位于湖南西北部，这里犹如一幅绚丽多彩的山水画卷，散发着令人心醉神迷的独特魅力。

张家界的山，是大自然用岁月精心雕琢的艺术品。三千奇峰突兀而起，直插云霄。它们或如利箭，气势磅礴；或似仙女，温婉秀丽；或像猛兽，雄浑威严。张家界的水恰似一条灵动的玉带，穿梭于峰林之间。澄澈见底，水底的沙石粒粒分明，溪畔的花草摇曳生姿，鲜嫩欲滴。漫步溪边，清新的空气沁人心脾，潺潺的流水声和悦耳的鸟鸣声交织成一曲美妙的自然乐章，让人心旷神怡，尘世的纷扰瞬间消散。

张家界的美，不仅仅局限于山水。这里还洋溢着浓郁的民族风情。土家族、苗族等少数民族的聚居，为这片土地增添了别样的文化底蕴。特色美食香气四溢，土家腊肉的醇厚、三下锅的热辣，让人回味无穷。民族歌舞欢快热烈，摆手舞的豪迈、芦笙舞的悠扬，展现出少数民族的热情与活力，让人沉浸其中，感受着独特的文化魅力。

张家界，以其奇山异水和多彩民俗，成为了大自然馈赠给人类的瑰宝。它吸引着无数游客慕名而来，只为亲身体验这如诗如画的美景，感受这片土地的神奇与美妙，将其深深印刻在记忆深处，成为心中永恒的向往之地。

图 3-10　实践一效果呈现

实践二　制作班级活动申请

【实践目的】

(1) 掌握 Word 2016 文档的页面设置方法。
(2) 掌握 Word 2016 文档的字符格式设置方法。
(3) 掌握 Word 2016 文档的段落格式设置方法。
(4) 掌握 Word 2016 文档的项目符号和编号设置方法。

【实践内容及步骤】

1. 创建新文档

打开 Word 2016 并创建空白文档，输入图 3-11 “班级活动申请” 中的内容，并将该文档以 “班级活动申请” 为名保存在 D 盘根目录下。

班级活动申请
尊敬的院领导:
您好!
为丰富本班同学的课外生活，活跃本班的气氛，经班委会讨论拟组织本班同学开展户外烧烤活动。
活动目的
放松心情，缓解学习的紧张压力
密切同学关系，进一步加深同学之间的感情
培养团结协作的精神
活动时间
2024 年 10 月 12 日上午 9 时至 2024 年 10 月 12 日下午 16 时，活动地点青年户外拓展基地
活动原则
采取集中活动原则，坚决遵守院里制定的"谁组织谁负责"的原则，在活动过程中一定注意安全，坚决杜绝一切安全隐患。
要求全体参加活动的同学须取得家长同意;
在出发前由班主任老师召开班会，就外出活动的注意事项进行说明和强调;
由班主任带队前往，活动过程中要求全体同学一切听从指挥，不单独行动，不进行高危险性的活动;
活动预期效果
希望本次活动能进一步加深我班同学感情，增进了解和友谊，为大学生活多留下一份美好的回忆。
现就本次外出活动提出申请，真诚地希望能得到院领导的批准。

此致
敬礼!
2401 班委会
2024 年 10 月 8 日

图 3-11　班级活动申请

2. 页面设置

(1) 单击【布局】选项卡中【页面设置】组右下角的对话框启动器，打开【页面设置】对话框。单击【纸张】选项卡，设置【纸张大小】为 A4，如图 3-12 所示。

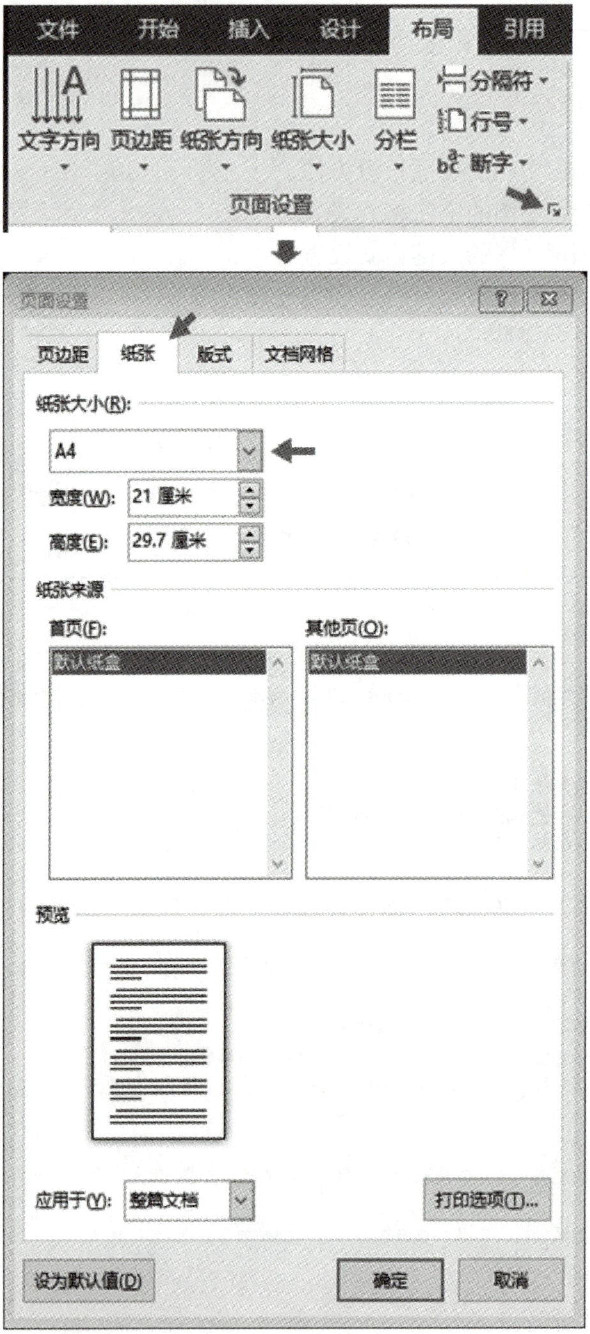

图 3-12　设置纸张大小

(2) 在【页面设置】对话框中单击【页边距】选项卡，设置左右【页边距】为 3 厘米，单击【确定】完成页面设置，如图 3-13 所示。

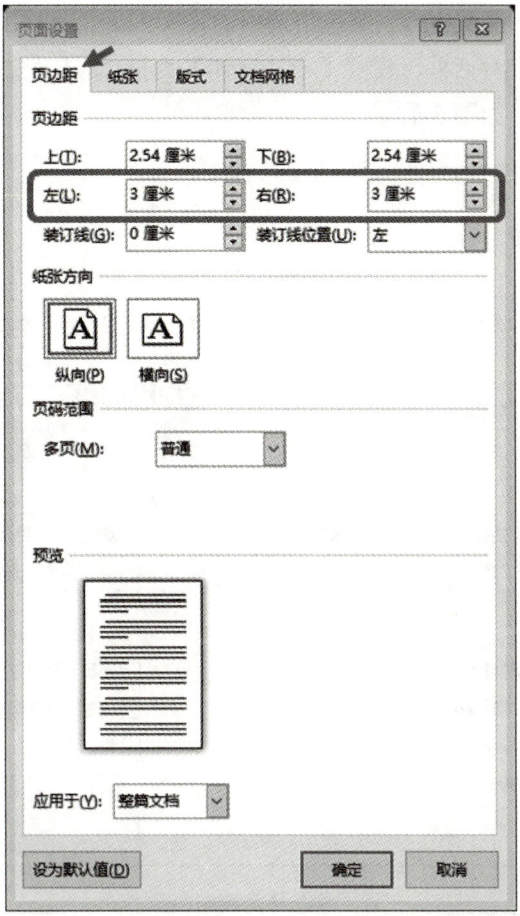

图 3-13　设置页边距

3. 设置字符格式

(1) 选中标题“班级活动申请”，在【开始】选项卡的【字体】组中设置字体为宋体、加粗、小二，如图 3-14 所示。

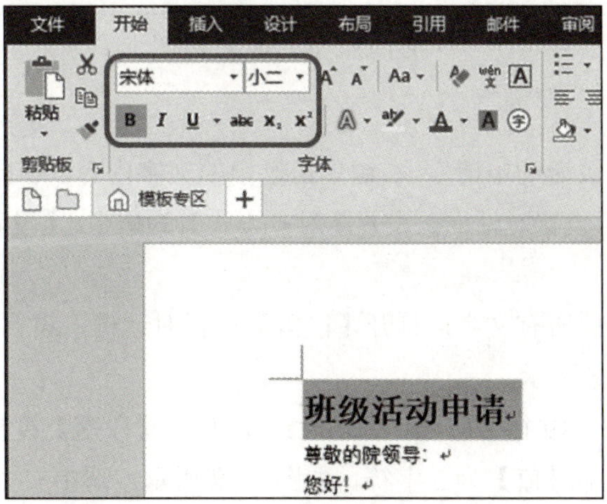

图 3-14　标题字符设置

(2) 选中除标题外所有文字，右键单击选中的文字内容，在弹出的快捷菜单中单击【字体】，打开【字体】设置对话框，设置【中文字体】为楷体、【西文字体】为 Arial、【字号】为小四，单击【确定】，如图 3-15 所示。

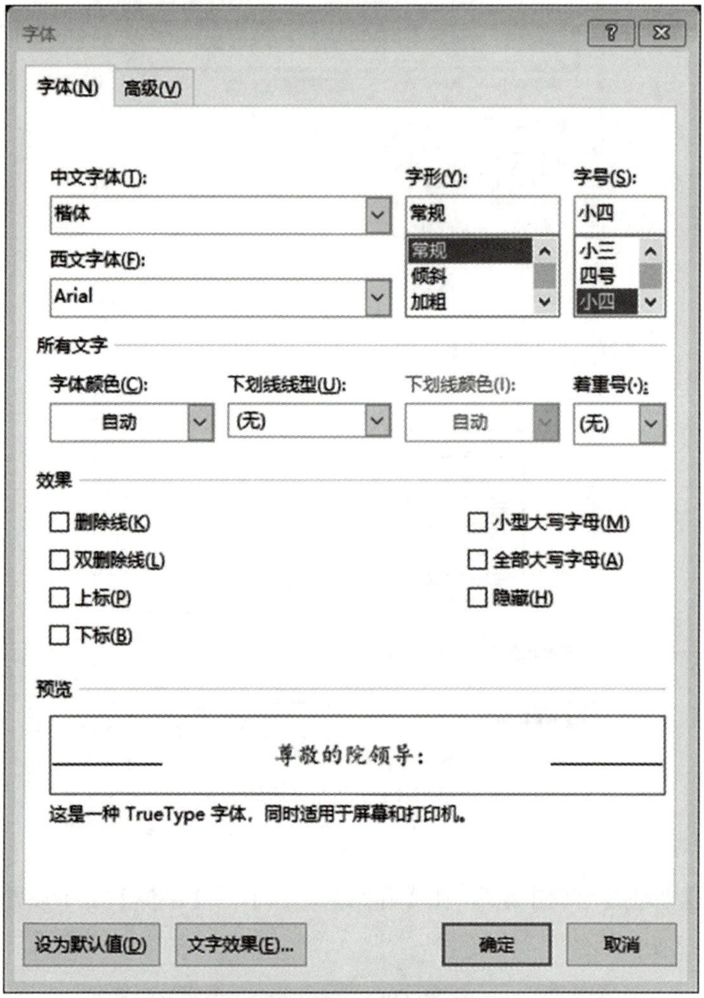

图 3-15　正文格式设置

4. 设置段落格式

(1) 选中标题“班级活动申请”，右键单击选中的文字内容，在弹出的快捷菜单中单击【段落】，打开【段落】设置对话框，设置【对齐方式】为居中、【段后】间距为 1 行，如图 3-16 所示。

(2) 选中除标题外的所有文字，打开【段落】设置对话框，设置【行距】为多倍行距，【值】为 1.3，如图 3-17 所示。

(3) 选中第 3 段到第 19 行“您好！……此致”，打开【段落】设置对话框，设置【特殊格式】为首行缩进，【缩进值】为 2 字符，如图 3-18 所示。选中文中最后两段“2401 班委会”“2024 年 10 月 8 日”，设置【对齐方式】为右对齐，如图 3-19 所示。

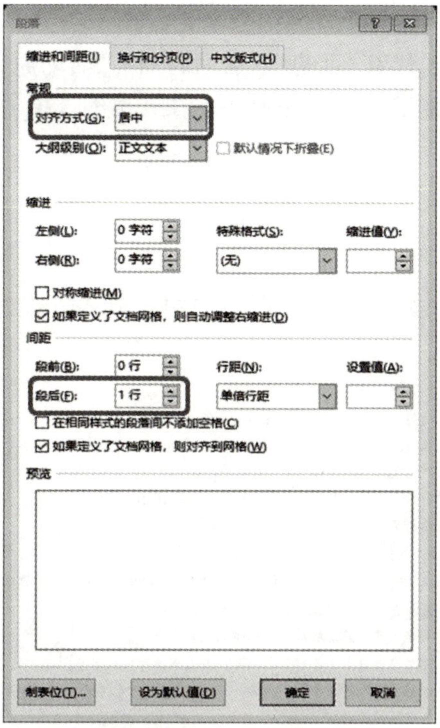

图 3-16　标题居中、段后 1 行

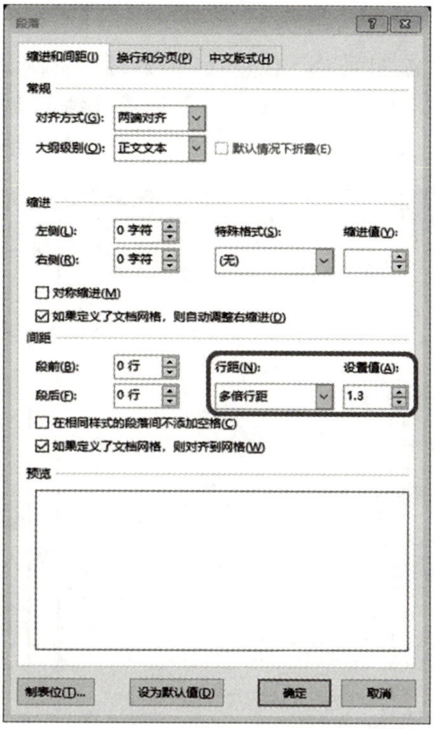

图 3-17　正文段 1.3 倍行间距

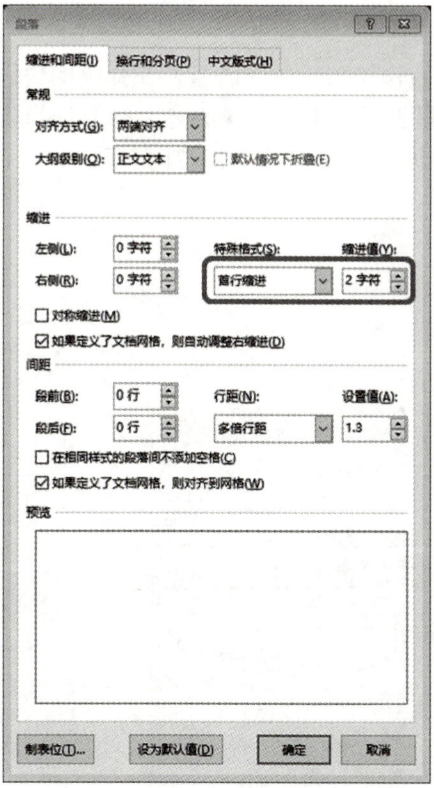

图 3-18　设置首行缩进

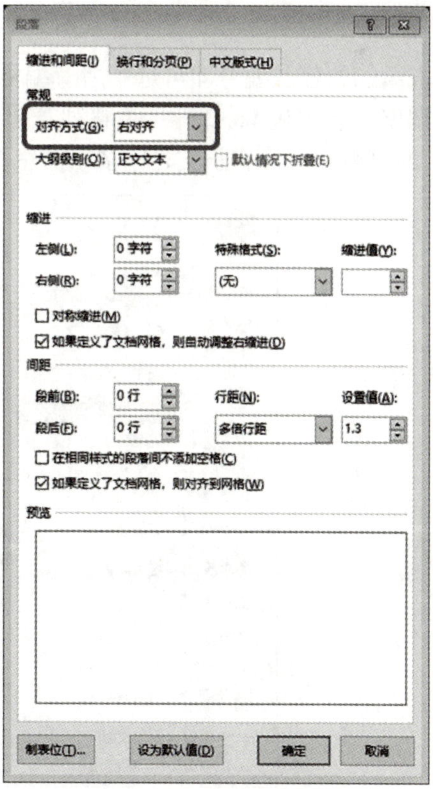

图 3-19　设置落款右对齐

5. 添加项目符号和编号

(1) 添加编号。按住【Ctrl】键，依次选中“活动目的”“活动时间”“活动原则”“活动预期效果”，单击【段落】组中【编号】右侧的向下三角箭头，在弹出的【编号库】中选择【一、二、三、】，即可为所选内容添加编号，如图 3-20 所示。

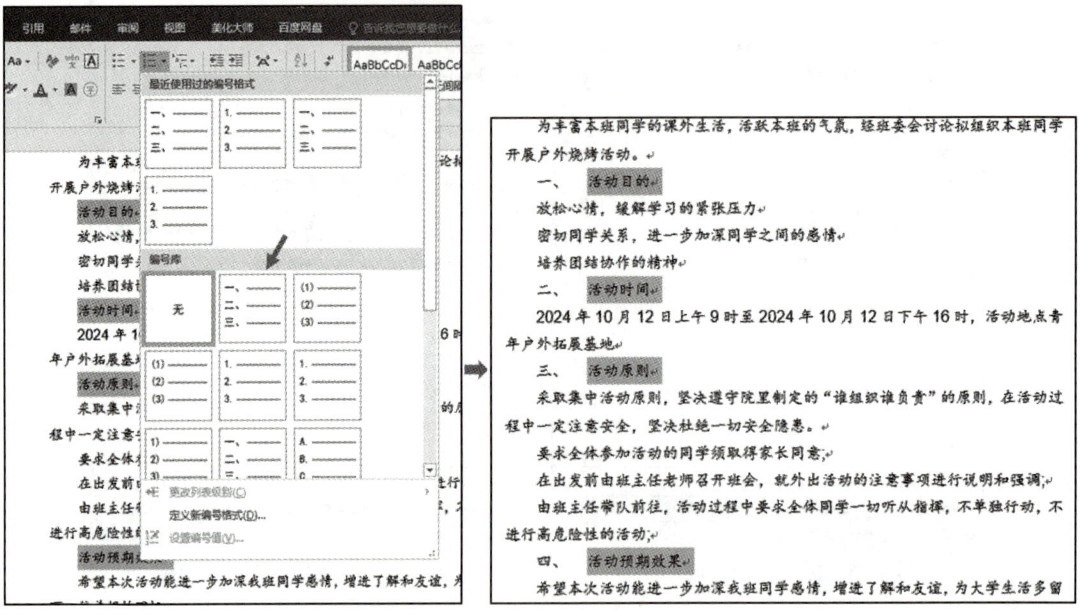
引用
邮件
审阅
视图
美化大师
百度网盘
最近使用过的编号格式
编号库
无
更改列表级别(C)
定义新编号格式(D)...
设置编号值(V)...
为丰富本班同学的课外生活，活跃本班的气氛，经班委会讨论拟组织本班同学开展户外烧烤活动。
一、 活动目的
放松心情，缓解学习的紧张压力
密切同学关系，进一步加深同学之间的感情
培养团结协作的精神
二、 活动时间
2024 年 10 月 12 日上午 9 时至 2024 年 10 月 12 日下午 16 时，活动地点青年户外拓展基地
三、 活动原则
采取集中活动原则，坚决遵守院里制定的“谁组织谁负责”的原则，在活动过程中一定注意安全，坚决杜绝一切安全隐患。
要求全体参加活动的同学须取得家长同意;
在出发前由班主任老师召开班会，就外出活动的注意事项进行说明和强调;
由班主任带队前往，活动过程中要求全体同学一切听从指挥，不单独行动，不进行高危险性的活动;
四、 活动预期效果
希望本次活动能进一步加深我班同学感情，增进了解和友谊，为大学生活多留

图 3-20　添加编号

单击添加的任意编号即可选中所有编号，右键单击选中的编号，在弹出的快捷菜单中选择【调整列表缩进】，打开【调整列表缩进量】对话框，在【编号之后】选择【不特别标注】，即可删除编号和正文之间多余的空白 (即制表符)，如图 3-21 所示。

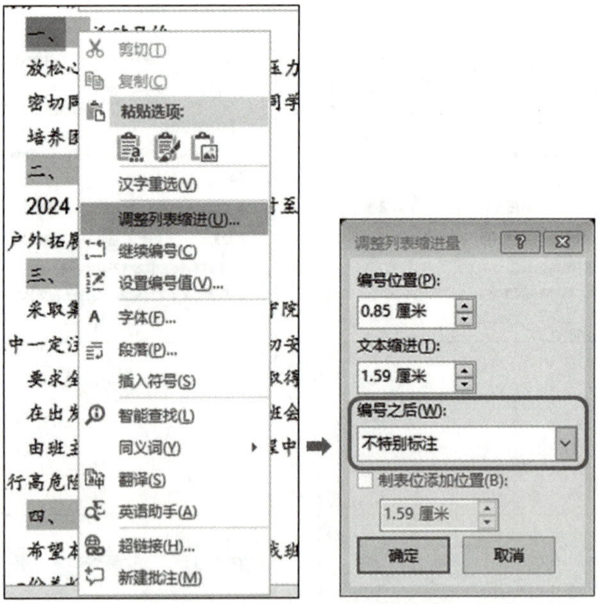
剪切(T)
复制(C)
粘贴选项:
汉字重选(V)
调整列表缩进(U)...
继续编号(C)
设置编号值(V)...
字体(F)...
段落(P)...
插入符号(S)
智能查找(L)
同义词(Y)
翻译(S)
英语助手(A)
超链接(H)...
新建批注(M)
调整列表缩进量
编号位置(P):
0.85 厘米
文本缩进(T):
1.59 厘米
编号之后(W):
不特别标注
制表位添加位置(B):
1.59 厘米
确定
取消

图 3-21　删除编号后的制表符

依据上述方法为图 3-22 所示内容添加编号“1.”“2.”“3.”，并删除编号后的制表符。

三、活动原则

采取集中活动原则，坚决遵守院里制定的“谁组织谁负责”的原则，在活动过程中一定注意安全，坚决杜绝一切安全隐患。

要求全体参加活动的同学须取得家长同意;

在出发前由班主任老师召开班会，就外出活动的注意事项进行说明和强调;

由班主任带队前往，活动过程中要求全体同学一切听从指挥，不单独行动，不进行高危险性的活动;

⬇

三、活动原则

采取集中活动原则，坚决遵守院里制定的“谁组织谁负责”的原则，在活动过程中一定注意安全，坚决杜绝一切安全隐患。

1.要求全体参加活动的同学须取得家长同意;

2.在出发前由班主任老师召开班会，就外出活动的注意事项进行说明和强调;

3.由班主任带队前往，活动过程中要求全体同学一切听从指挥，不单独行动，不进行高危险性的活动;

图 3-22　添加编号“1.”“2.”“3.”

(2) 添加项目符号。选中“活动目的”后三段内容，单击【段落】组中【项目符号】命令右侧的向下三角箭头，在弹出的【项目符号库】中选择黑色“菱形”，添加黑色“菱形”项目符号，如图 3-23 所示。

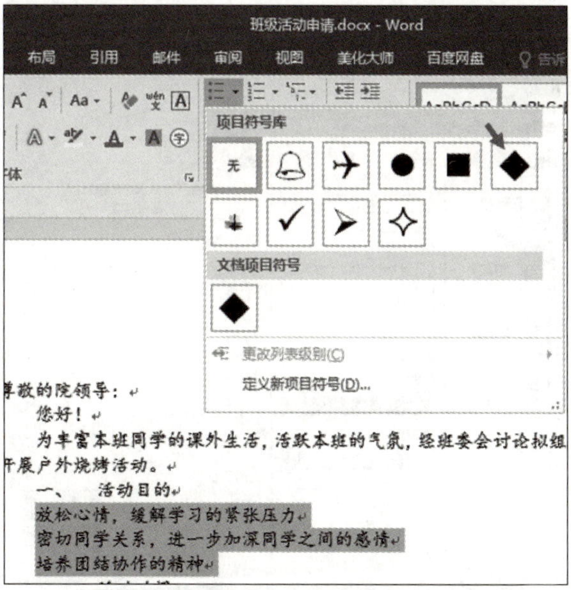

图 3-23　添加项目符号

新添加的项目符号和文字之间也默认存在制表符，若需删除，则方法和上述编号删除制表符一致。

6. 添加边框和底纹

(1) 添加边框。选中文中“2024 年 10 月 12 日上午 9 时至 2024 年 10 月 12 日下午 4 时”，单击【开始】选项卡【段落】组中【边框】命令右侧的向下三角箭头，在弹出的下

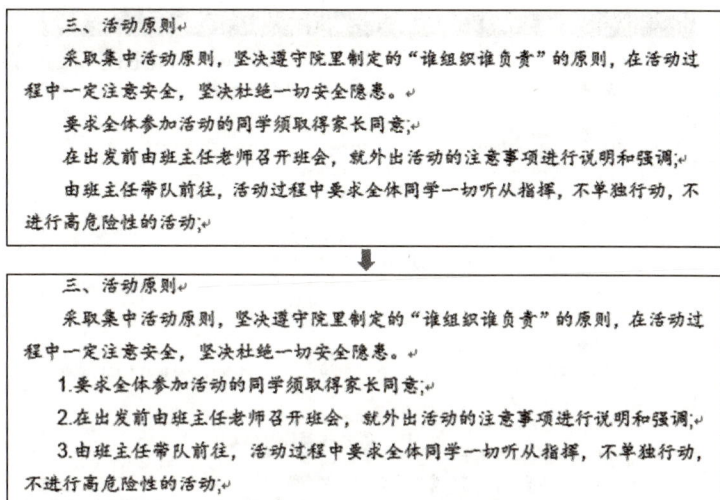

拉菜单中选择【边框和底纹】，如图 3-24 所示。

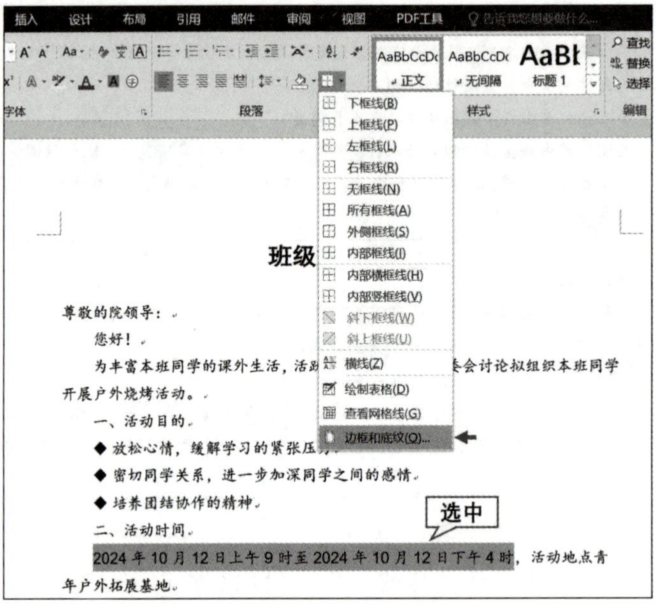

图 3-24 边框和底纹

在【边框和底纹】对话框中选择【边框】选项卡，设置【边框】类型为方框、单实线、红色、1.5 磅，【应用于】为【文字】，单击【确定】，如图 3-25 所示。

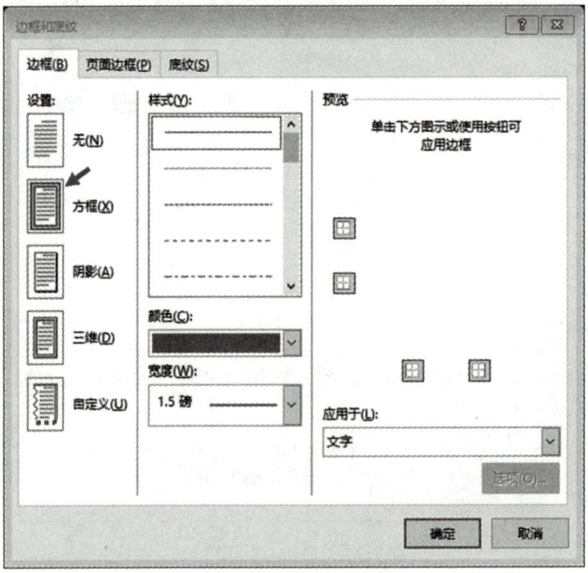

图 3-25 边框设置

(2) 添加底纹。在【边框和底纹】对话框中选择【底纹】选项卡，设置【填充】颜色为黄色，【图案】中的【样式】选择【清除】，【应用于】为【文字】，单击【确定】，完成边框和底纹设置，如图 3-26 所示。

完成后的文档编排效果如图 3-27 所示，及时保存文档。

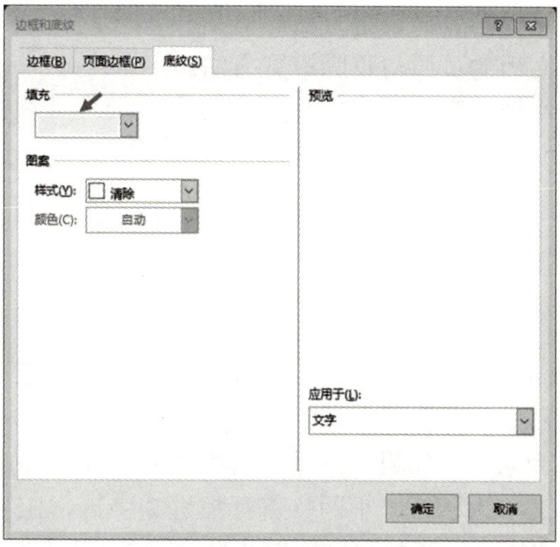

图 3-26　底纹设置

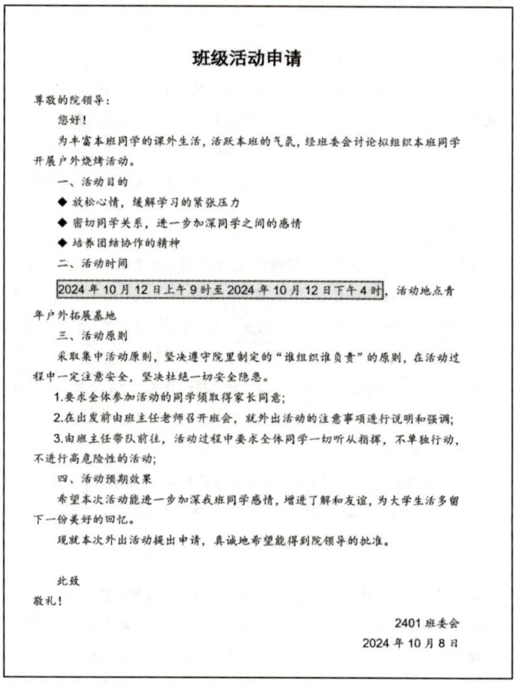

班级活动申请

尊敬的院领导：

您好！

为丰富本班同学的课外生活，活跃本班的气氛，经班委会讨论拟组织本班同学开展户外烧烤活动。

一、活动目的

◆ 放松心情，缓解学习的紧张压力

◆ 密切同学关系，进一步加深同学之间的感情

◆ 培养团结协作的精神

二、活动时间

2024 年 10 月 12 日上午 9 时至 2024 年 10 月 12 日下午 4 时，活动地点青年户外拓展基地

三、活动原则

采取集中活动原则，坚决遵守院里制定的“谁组织谁负责”的原则，在活动过程中一定注意安全，坚决杜绝一切安全隐患。

1.要求全体参加活动的同学须取得家长同意；

2.在出发前由班主任老师召开班会，就外出活动的注意事项进行说明和强调；

3.由班主任带队前往，活动过程中要求全体同学一切听从指挥，不单独行动，不进行高危险性的活动；

四、活动预期效果

希望本次活动能进一步加深我班同学感情，增进了解和友谊，为大学生活多留下一份美好的回忆。

现就本次外出活动提出申请，真诚地希望能得到院领导的批准。

此致

敬礼！

2401 班委会

2024 年 10 月 8 日

图 3-27　实践二效果呈现

实践三　文档的高级排版

【实践目的】

(1) 掌握 Word 2016 文档的首字下沉设置方法。

(2) 掌握 Word 2016 文档的分栏设置方法。

(3) 掌握 Word 2016 文档的页眉与页脚设置方法。

(4) 掌握 Word 2016 文档的脚注和尾注添加方法。

(5) 掌握 Word 2016 文档的水印添加方法。

【实践内容及步骤】

1. 准备实验文档

在 D 盘创建新的 Word 文档，命名为“土家族习俗 .docx”。打开文档，输入图 3-28 样文内容并进行以下格式设置：

(1) 设置标题段文字为宋体、加粗、三号、居中对齐。

(2) 设置所有正文段文字为楷体、小四、首行缩进 2 字符、1.5 倍行距。

(3) 正文第一段“土家族……智慧与风情”设置段后【间距】为 1 行，正文最后一段“土家族……民族的根脉”设置段前【间距】为 1 行。

土家族习俗

土家族作为我国历史悠久的少数民族之一，世代主要聚居在湘、鄂、渝、黔交界地带的武陵山区。这片神奇的土地孕育出了土家族极为独特且底蕴深厚的文化与习俗，他们的生活方式宛如一幅绚丽多彩的民俗画卷，诸多传统习俗穿越时空的隧道，历经岁月的洗礼，依旧鲜活地流传至今，向世人展示着土家族人民的智慧与风情。

在服饰方面，土家族男子多穿对襟短衣，女子则身着镶边筒裤与绣有精美花纹的上衣，且喜好佩戴各种银饰，走起路来叮当作响，别具一番风情。尤其是姑娘们的嫁衣，做工精细，一针一线都蕴含着对未来生活的美好期许，往往耗费数月乃至数年时间制成。

饮食上，土家族偏爱酸辣口味，合渣、腊肉堪称经典美食。合渣以黄豆磨浆制成，口感细腻，营养丰富；腊肉经腌制、熏烤，肉质紧实，香气四溢，无论是清蒸还是炒菜，都让人回味无穷。

居住环境也极具特色，传统的土家族民居为吊脚楼。这种建筑依山傍水而建，一半悬空，一半着地，下层通风防潮，用于堆放杂物或饲养家畜，上层住人，既实用又美观，完美适应了当地的山地环境。

土家族的节日同样热闹非凡，摆手舞节是其中最盛大的庆典。届时，男女老少身着盛装，齐聚摆手堂前，跳起欢快的摆手舞 ，动作刚健有力，节奏明快。他们用舞蹈追忆祖先、祈求丰收，歌声、笑声、锣鼓声交织在一起，将欢乐的氛围推向高潮，展现着土家族人对生活的热爱与对传统文化的坚守。这些独特的习俗构成了土家族绚丽多彩的民族画卷，承载着历史，延续着民族的根脉。

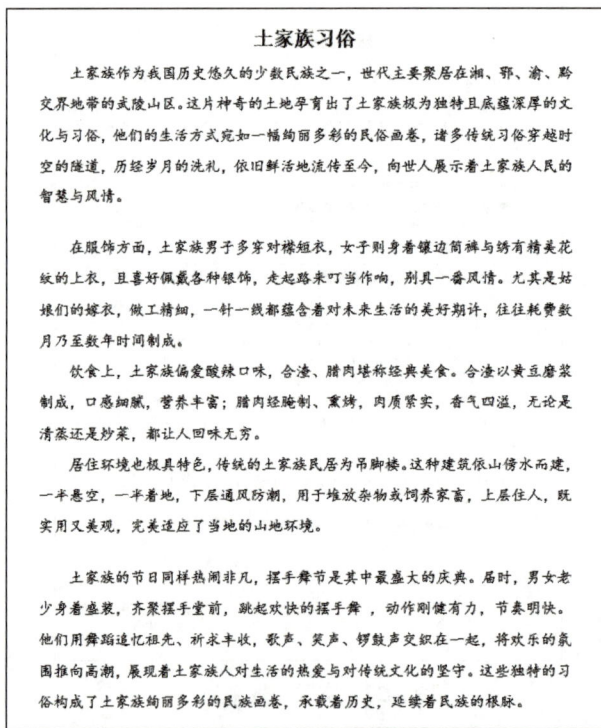

图 3-28　准备文档

2. 首字下沉

对文档进行首字下沉设置，步骤如下：

将光标放置在正文首行内或选中正文首字“土”，单击【插入】选项卡【文本】组中【首字下沉】，在弹出的下拉菜单中单击【首字下沉选项】，打开【首字下沉】对话框，【位置】选择【下沉】，【选项】中设置【字体】为华文行楷、【下沉行数】为 2、【距正文】为 0.3 厘米。单击【确定】，完成设置，如图 3-29 所示。

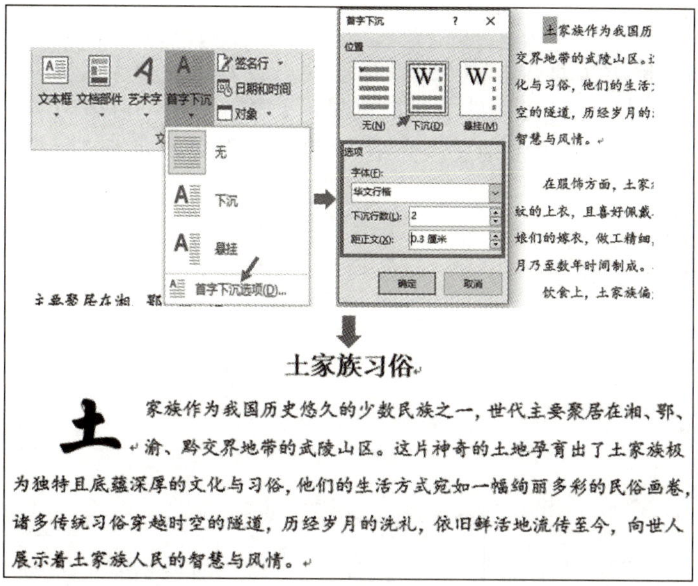
文本框
文档部件
艺术字
首字下沉
签名行
日期和时间
对象
无
下沉
悬挂
首字下沉选项(D)...
首字下沉
位置
无(N)
下沉(D)
悬挂(M)
选项
字体(F):
华文行楷
下沉行数(L): 2
距正文(X): 0.3 厘米
确定
取消
土家族习俗
土家族作为我国历史悠久的少数民族之一，世代主要聚居在湘、鄂、渝、黔交界地带的武陵山区。这片神奇的土地孕育出了土家族极为独特且底蕴深厚的文化与习俗，他们的生活方式宛如一幅绚丽多彩的民俗画卷，诸多传统习俗穿越时空的隧道，历经岁月的洗礼，依旧鲜活地流传至今，向世人展示着土家族人民的智慧与风情。

图 3-29　首字下沉

3. 分栏

同时选中正文的第 2 段、第 3 段、第 4 段“在服饰方面……山地环境”，单击【布局】选项卡【页面设置】组中的【分栏】，在弹出的下拉菜单中单击【更多分栏】，打开【分栏】对话框，在【预设】中选择【两栏】，勾选【分隔线】复选框。单击【确定】完成设置，如图 3-30 所示。

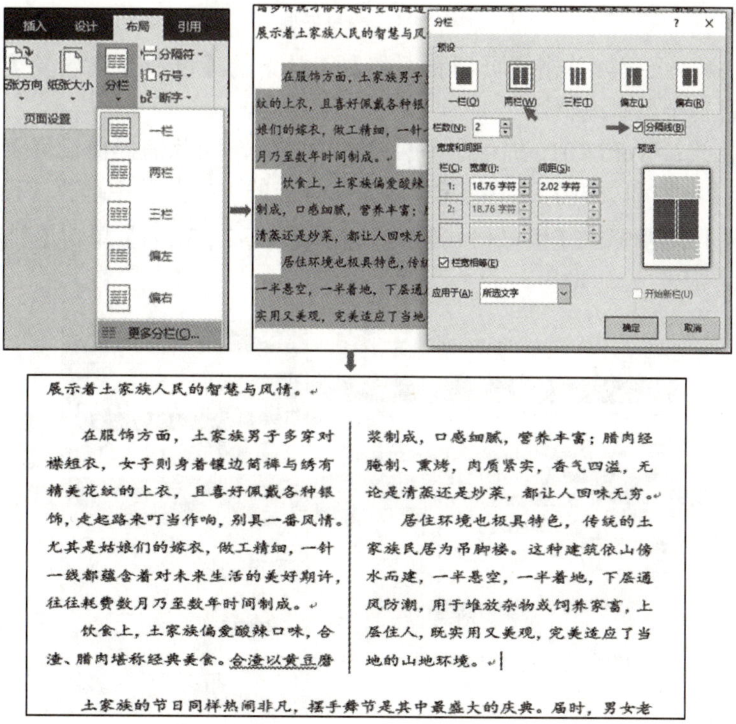
插入
设计
布局
引用
纸张方向
纸张大小
分栏
分隔符
行号
断字
页面设置
一栏
两栏
三栏
偏左
偏右
更多分栏(C)...
分栏
预设
一栏(O)
两栏(W)
三栏(T)
偏左(L)
偏右(R)
栏数(N): 2
分隔线(B)
宽度和间距
预览
栏(C): 宽度(I): 间距(S):
1: 18.76 字符 2.02 字符
2: 18.76 字符
栏宽相等(E)
应用于(A): 所选文字
开始新栏(U)
确定
取消
展示着土家族人民的智慧与风情。
在服饰方面，土家族男子多穿对襟短衣，女子则身着镶边筒裤与绣有精美花纹的上衣，且喜好佩戴各种银饰，走起路来叮当作响，别具一番风情。尤其是姑娘们的嫁衣，做工精细，一针一线都蕴含着对未来生活的美好期许，往往耗费数月乃至数年时间制成。
饮食上，土家族偏爱酸辣口味，合渣、腊肉堪称经典美食。合渣以黄豆磨浆制成，口感细腻，营养丰富；腊肉经腌制、熏烤，肉质紧实，香气四溢，无论是清蒸还是炒菜，都让人回味无穷。
居住环境也极具特色，传统的土家族民居为吊脚楼。这种建筑依山傍水而建，一半悬空，一半着地，下层通风防潮，用于堆放杂物或饲养家畜，上层住人，既实用又美观，完美适应了当地的山地环境。
土家族的节日同样热闹非凡，摆手舞节是其中最盛大的庆典。届时，男女老

图 3-30　分栏设置

4. 页眉和页脚

(1) 添加页眉。单击【插入】选项卡【页眉和页脚】组中的【页眉】，在弹出的下拉菜单中选择【编辑页眉】。此时文档处于灰白色显示（表示文档不可编辑），文档顶部页眉区域光标闪烁，输入页眉内容“中国民族介绍”。设置页眉文字为华文行楷、四号、左对齐，如图 3-31 所示。

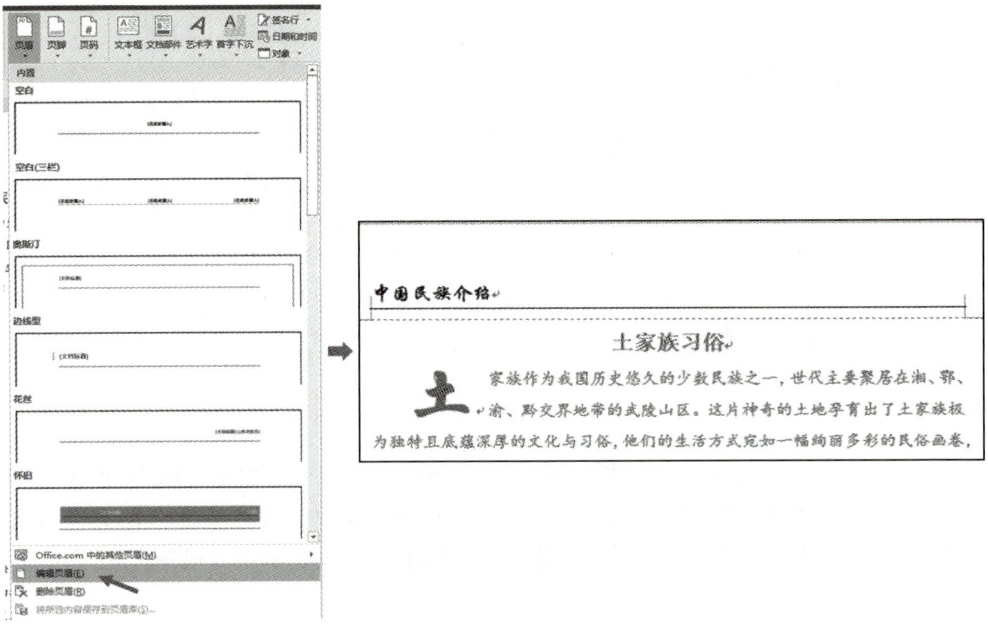

图 3-31 编辑页眉

(2) 页脚处添加页码。单击【页眉和页脚】工具下的【设计】选项卡【导航】组中的【转至页脚】，跳转至页脚编辑区。

设置页码格式：Word 2016 提供了多种格式的页码，因此需提前设置页码格式。单击【设计】选项卡【页眉和页脚】组中的【页码】，在弹出的下拉菜单中选择【设置页码格式】，打开【页码格式】对话框，在【编号格式】栏中选择【-1-,-2-,-3-,…】，单击【确定】完成设置，如图 3-32 所示。

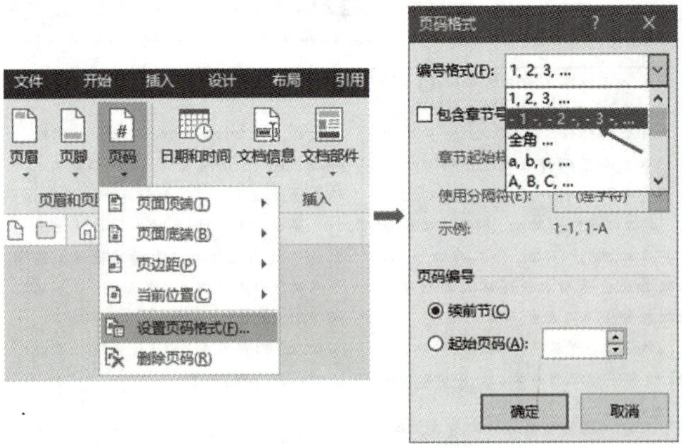

图 3-32 设置页码格式

添加页码：将光标置于页脚区域，单击【设计】选项卡【页眉和页脚】组中的【页码】，在弹出的下拉菜单中选择【当前位置】下的【普通数字】，Word 2016 会在页脚光标位置插入格式为“-1-”的页码，选中该页码设置字体为小四、居中对齐，如图 3-33 所示。

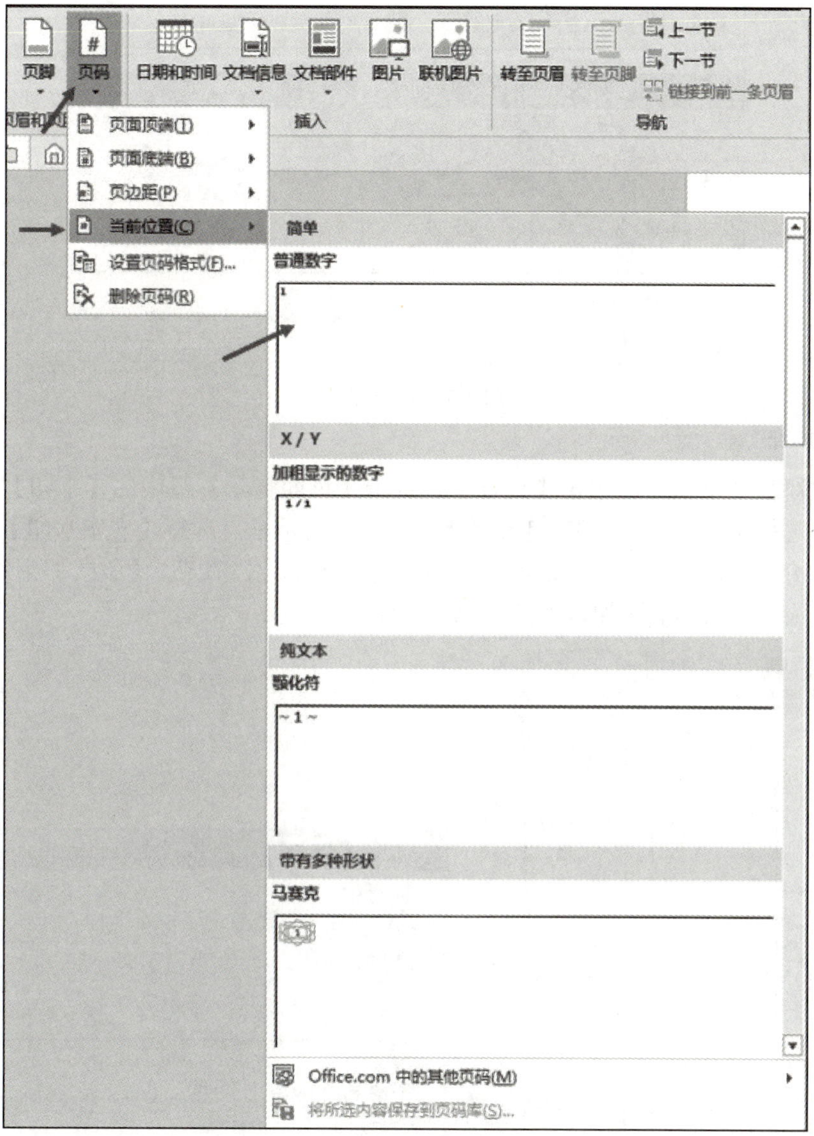

图 3-33 添加页码

完成编辑后，双击文档正文任意位置即可退出页眉页脚编辑区。

5. 脚注与尾注

为正文最后一段中的“摆手舞”一词添加脚注。单击【引用】选项卡【脚注】组中的【插入脚注】，当前页面底部左侧会出现添加脚注区域（若使用【插入尾注】，则该区域出现在正文结尾处）。在脚注区域输入“摆手舞：土家语叫“舍巴”“舍巴格痴”，其意为敬神跳，汉语叫跳摆手，它是土家族原始的祭祀舞蹈。”完成脚注的添加，如图 3-34 所示。

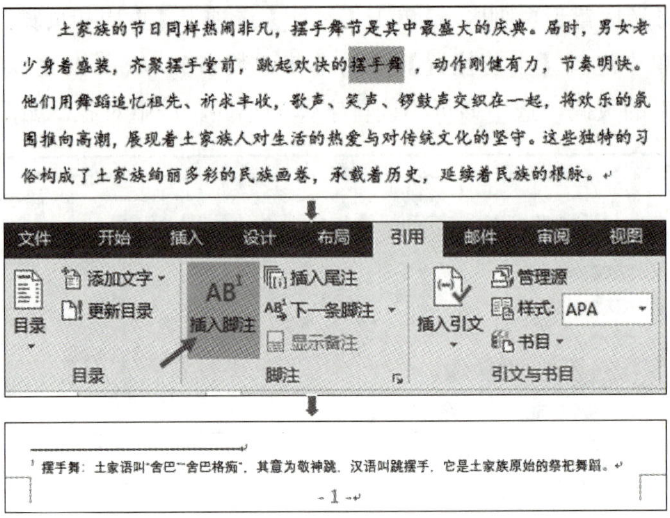

图 3-34　插入脚注

6. 添加水印

为全文添加文字水印。单击【设计】选项卡【页面背景】组中的【水印】，在弹出的下拉菜单中选择【自定义水印】，打开【水印】设置对话框，选择【文字水印】，设置【文字】为民族介绍、【字体】为华文楷体、【颜色】为标准色 - 浅蓝、【版式】为斜式，单击【确定】，完成文字水印的添加，如图 3-35 所示。

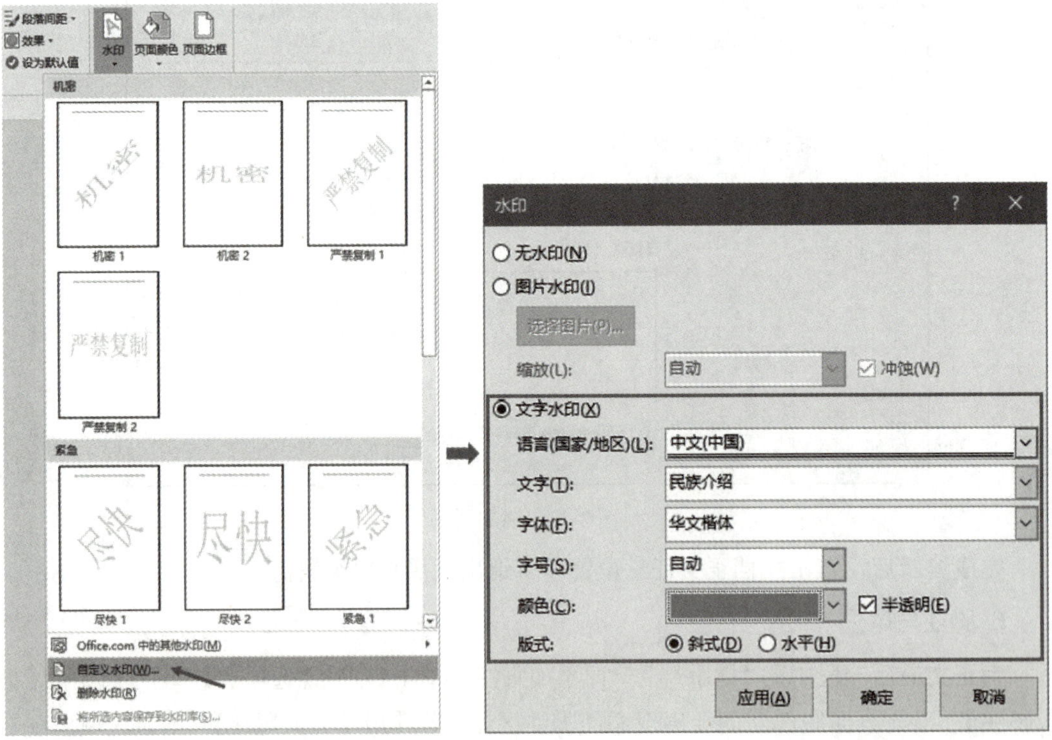

图 3-35　添加文字水印

完成全部操作后保存该文档，全文排版效果如图 3-36 所示。

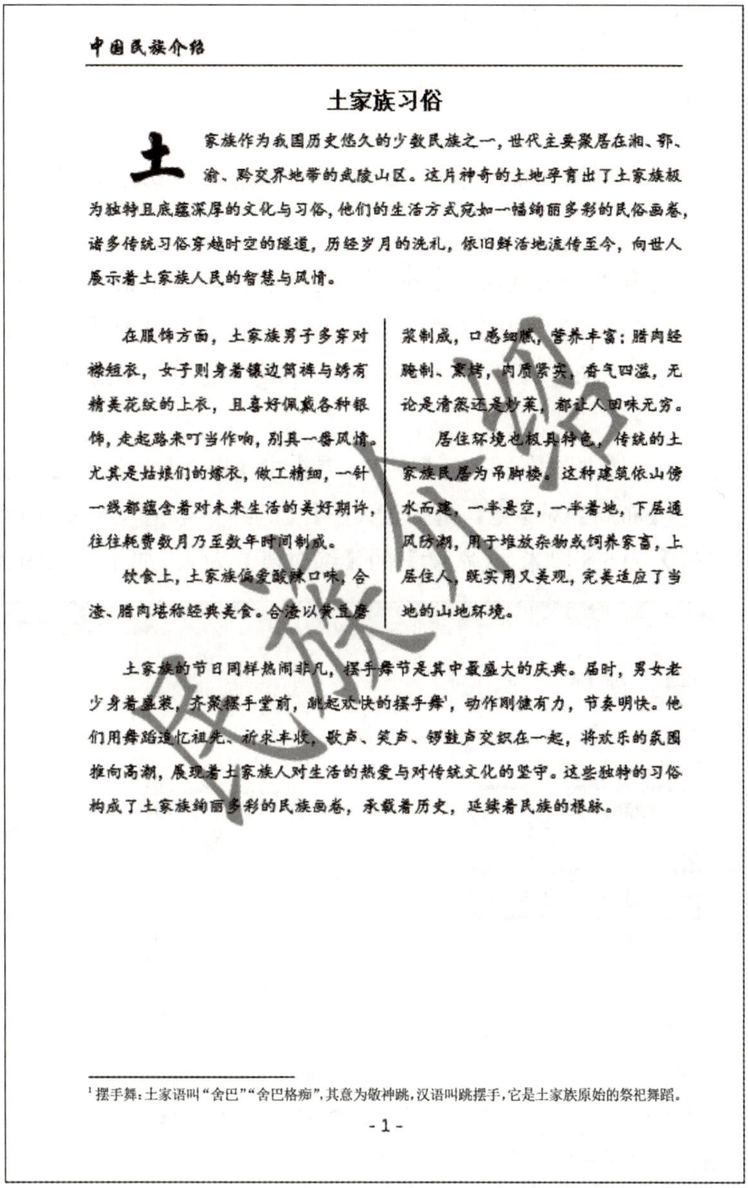

中国民族介绍

土家族习俗

土家族作为我国历史悠久的少数民族之一，世代主要聚居在湘、鄂、渝、黔交界地带的武陵山区。这片神奇的土地孕育出了土家族极为独特且底蕴深厚的文化与习俗，他们的生活方式宛如一幅绚丽多彩的民俗画卷，诸多传统习俗穿越时空的隧道，历经岁月的洗礼，依旧鲜活地流传至今，向世人展示着土家族人民的智慧与风情。

在服饰方面，土家族男子多穿对襟短衣，女子则身着镶边筒裤与绣有精美花纹的上衣，且喜好佩戴各种银饰，走起路来叮当作响，别具一番风情。尤其是姑娘们的嫁衣，做工精细，一针一线都蕴含着对未来生活的美好期许，往往耗费数月乃至数年时间制成。

饮食上，土家族偏爱酸辣口味，合渣、腊肉堪称经典美食。合渣以黄豆磨浆制成，口感细腻，营养丰富；腊肉经腌制、熏烤，肉质紧实，香气四溢，无论是清蒸还是炒菜，都让人回味无穷。

居住环境也极具特色，传统的土家族民居为吊脚楼。这种建筑依山傍水而建，一半悬空，一半着地，下层通风防潮，用于堆放杂物或饲养家畜，上层住人，既实用又美观，完美适应了当地的山地环境。

土家族的节日同样热闹非凡，摆手舞节是其中最盛大的庆典。届时，男女老少身着盛装，齐聚摆手堂前，跳起欢快的摆手舞[1]，动作刚健有力，节奏明快。他们用舞蹈追忆祖先、祈求丰收，歌声、笑声、锣鼓声交织在一起，将欢乐的氛围推向高潮，展现着土家族人对生活的热爱与对传统文化的坚守。这些独特的习俗构成了土家族绚丽多彩的民族画卷，承载着历史，延续着民族的根脉。

[1] 摆手舞：土家语叫“舍巴”“舍巴格痴”，其意为敬神跳，汉语叫跳摆手，它是土家族原始的祭祀舞蹈。

- 1 -

图 3-36　实践三效果呈现

实践四　图文混排制作

【实践目的】

(1) 掌握 Word 2016 图片的应用方法。

(2) 掌握 Word 2016 艺术字的应用方法。

(3) 掌握 Word 2016 文本框的应用方法。

【实践内容及步骤】

本实践素材文档沿用实践三的文档，文档及图片素材存放在“D:\ 实践四”文件夹中。

1. 图片的应用

(1) 插入图片。打开“土家族习俗 .docx”，光标放置在正文第二段的任意位置 (图片将插入在光标所在的位置点)。单击【插入】选项卡【插图】组中的【图片】，在打开的【插入图片】对话框中找到“D:\ 实践四 \ 土家族服饰 .png”图片，单击【插入】即可插入该图片。

(2) 调整图片大小。选中图片，单击【图片工具】中【格式】选项卡【大小】组右下角的对话框启动器，打开【布局】对话框。选择【大小】选项卡，取消勾选【锁定纵横比】，设置【高度】的【绝对值】为 5.5 厘米、【宽度】的【绝对值】为 4.3 厘米，如图 3-37 所示。

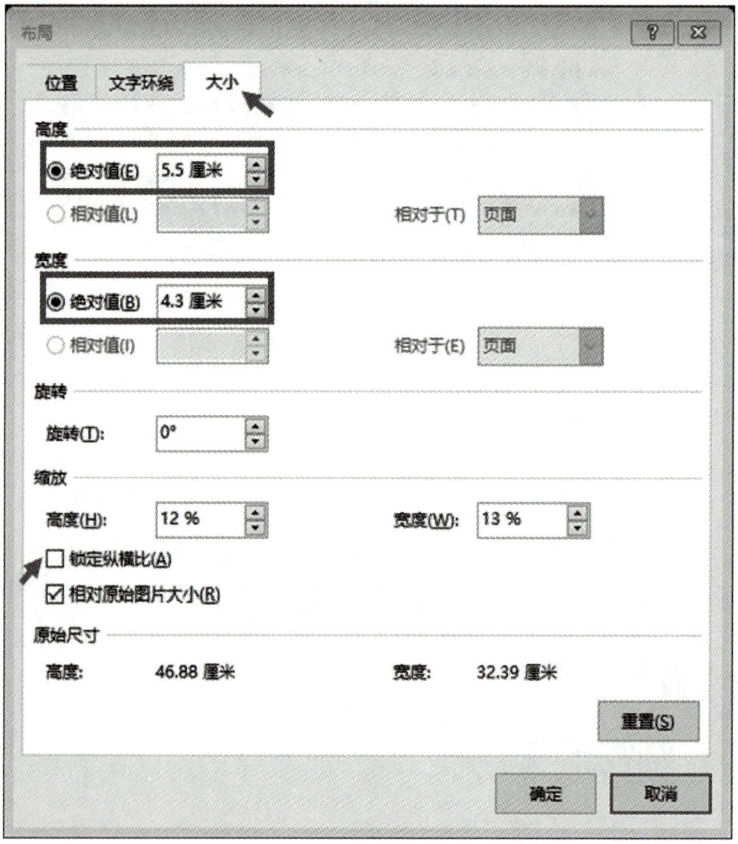

图 3-37 设置图片大小

(3) 设置图片样式。选中图片，单击【图片工具】中【格式】选项卡【图片样式】组中的【柔化边缘矩形】样式，使图片边缘柔化，如图 3-38 所示。

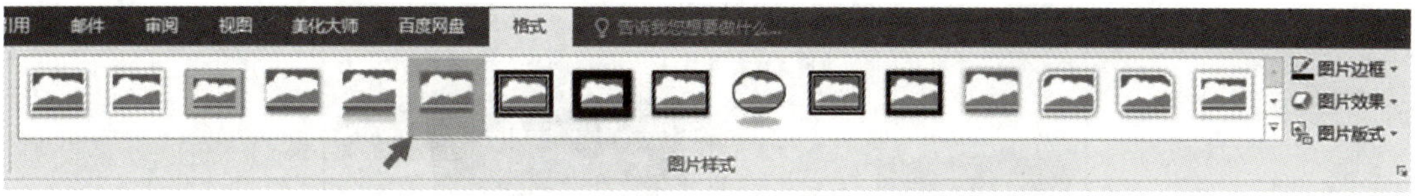
引用
邮件
审阅
视图
美化大师
百度网盘
格式
告诉我您想要做什么...
图片边框
图片效果
图片版式
图片样式

图 3-38　设置图片样式

(4) 设置环绕文字效果。选中图片，单击【图片工具】中【格式】选项卡【排列】组中的【环绕文字】，在弹出的下拉菜单中选择【四周型】(文字将环绕在图片的四周)，如图 3-39 所示。

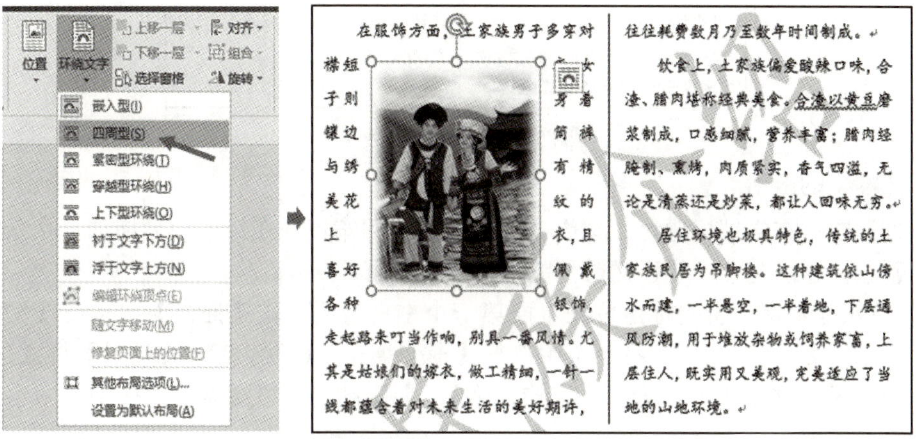
位置
环绕文字
上移一层
下移一层
选择窗格
对齐
组合
旋转
嵌入型(I)
四周型(S)
紧密型环绕(T)
穿越型环绕(H)
上下型环绕(O)
衬于文字下方(D)
浮于文字上方(N)
编辑环绕顶点(E)
随文字移动(M)
修复页面上的位置(F)
其他布局选项(L)...
设置为默认布局(A)
在服饰方面，土家族男子多穿对襟短衣，女子则身着镶边筒裤与绣有精美花纹的上衣，且喜好佩戴各种银饰，走起路来叮当作响，别具一番风情。尤其是姑娘们的嫁衣，做工精细，一针一线都蕴含着对未来生活的美好期许，往往耗费数月乃至数年时间制成。
饮食上，土家族偏爱酸辣口味，合渣、腊肉堪称经典美食。合渣以黄豆磨浆制成，口感细腻，营养丰富；腊肉经腌制、熏烤，肉质紧实，香气四溢，无论是清蒸还是炒菜，都让人回味无穷。
居住环境也极具特色，传统的土家族民居为吊脚楼。这种建筑依山傍水而建，一半悬空，一半着地，下层通风防潮，用于堆放杂物或饲养家畜，上层住人，既实用又美观，完美适应了当地的山地环境。

图 3-39　设置“四周型”文字环绕

(5) 移动图片位置。将鼠标指针置于图片上，待鼠标指针顶部出现移动标识 (四向箭头形状) 后，按住鼠标左键并拖动鼠标，将图片移动到文档左边的位置，松开鼠标左键，完成图片位置的移动，如图 3-40 所示。

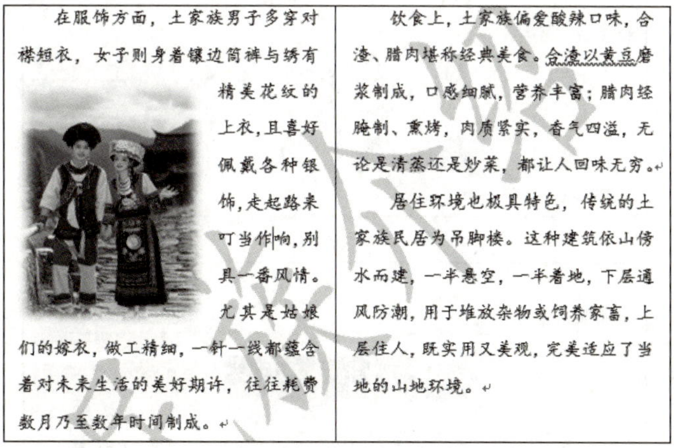
在服饰方面，土家族男子多穿对襟短衣，女子则身着镶边筒裤与绣有精美花纹的上衣，且喜好佩戴各种银饰，走起路来叮当作响，别具一番风情。尤其是姑娘们的嫁衣，做工精细，一针一线都蕴含着对未来生活的美好期许，往往耗费数月乃至数年时间制成。
饮食上，土家族偏爱酸辣口味，合渣、腊肉堪称经典美食。合渣以黄豆磨浆制成，口感细腻，营养丰富；腊肉经腌制、熏烤，肉质紧实，香气四溢，无论是清蒸还是炒菜，都让人回味无穷。
居住环境也极具特色，传统的土家族民居为吊脚楼。这种建筑依山傍水而建，一半悬空，一半着地，下层通风防潮，用于堆放杂物或饲养家畜，上层住人，既实用又美观，完美适应了当地的山地环境。

图 3-40　移动图片位置

(6) 将光标放置在第三段的任意位置，依照以上步骤插入“D:\ 实践四 \ 土家族美食 .png”图片，设置图片高度为 3 厘米、宽度为 5 厘米，环绕文字为四周型。将图片移动到第二栏靠左的位置。具体效果如图 3-41 所示。

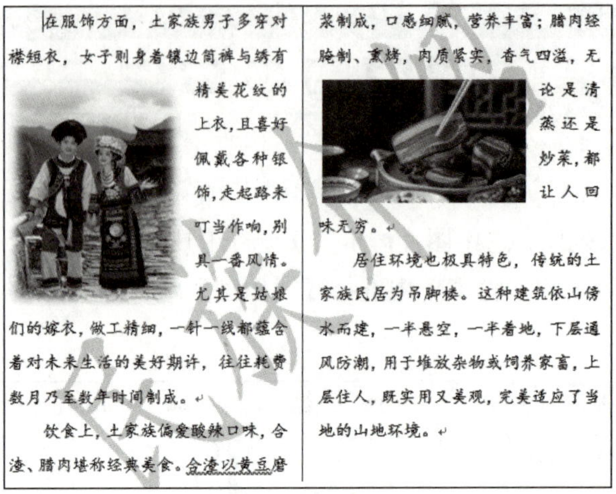
在服饰方面，土家族男子多穿对襟短衣，女子则身着镶边筒裤与绣有精美花纹的上衣，且喜好佩戴各种银饰，走起路来叮当作响，别具一番风情。尤其是姑娘们的嫁衣，做工精细，一针一线都蕴含着对未来生活的美好期许，往往耗费数月乃至数年时间制成。

饮食上，土家族偏爱酸辣口味，合渣、腊肉堪称经典美食。合渣以黄豆磨浆制成，口感细腻，营养丰富；腊肉经腌制、熏烤，肉质紧实，香气四溢，无论是清蒸还是炒菜，都让人回味无穷。

居住环境也极具特色，传统的土家族民居为吊脚楼。这种建筑依山傍水而建，一半悬空，一半着地，下层通风防潮，用于堆放杂物或饲养家畜，上层住人，既实用又美观，完美适应了当地的山地环境。

图 3-41　图片设置效果

2. 艺术字的应用

将光标定位在文档标题“土家族习俗”之后按回车键，在标题段后增加一个新的空白段落。删除标题段文字，使正文前预留两个空白段落。

(1) 插入艺术字。将光标定位在页面第一个空白段，单击【插入】选项卡【文本】组中的【艺术字】，在弹出的下拉菜单中选择【渐变填充 - 蓝色 , 着色 1, 反射】样式艺术字。将插入的艺术字文字内容改为“土家族习俗”，字体设置为华文琥珀，拖动艺术字至页面中心位置，如图 3-42 所示。

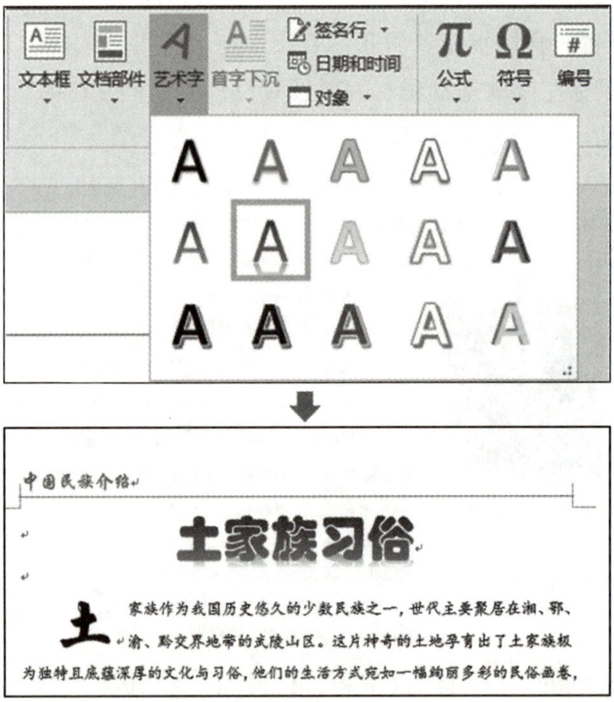
文本框
文档部件
艺术字
首字下沉
签名行
日期和时间
对象
公式
符号
编号
中国民族介绍
土家族习俗
土家族作为我国历史悠久的少数民族之一，世代主要聚居在湘、鄂、渝、黔交界地带的武陵山区。这片神奇的土地孕育出了土家族极为独特且底蕴深厚的文化与习俗，他们的生活方式宛如一幅绚丽多彩的民俗画卷，

图 3-42　插入艺术字

(2) 艺术字颜色设置。选中艺术字，单击【绘图工具】中的【格式】选项卡，选择【艺

术字样式】组中的【文本填充】，单击【渐变】，在下拉菜单中选择【其他渐变】，如图 3-43 所示。

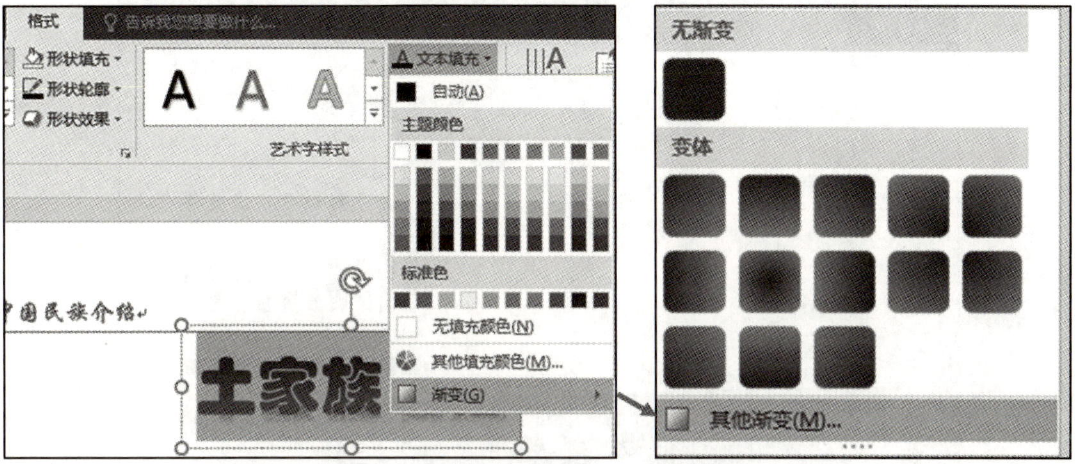

图 3-43 艺术字文本颜色设置

在页面右侧打开的【设置形状格式】对话框中，将【渐变光圈】下的色块从左至右依次设置为标准色的黄色、橙色、红色，如图 3-44 所示。

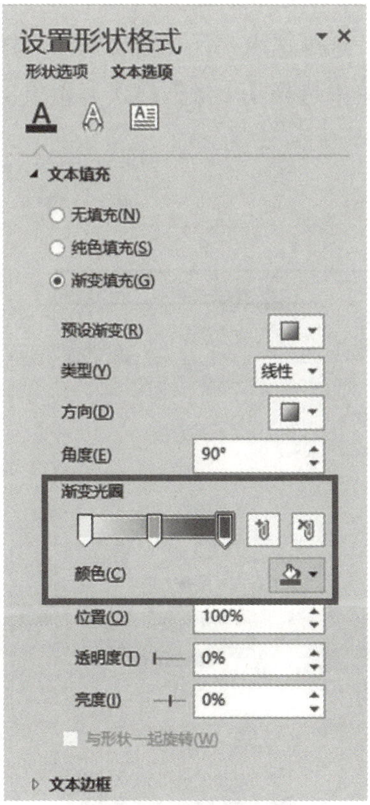

图 3-44 设置渐变色

(3) 艺术字轮廓颜色设置。单击【艺术字样式】组中的【文本轮廓】，设置【标准色】

为绿色，如图 3-45 所示。

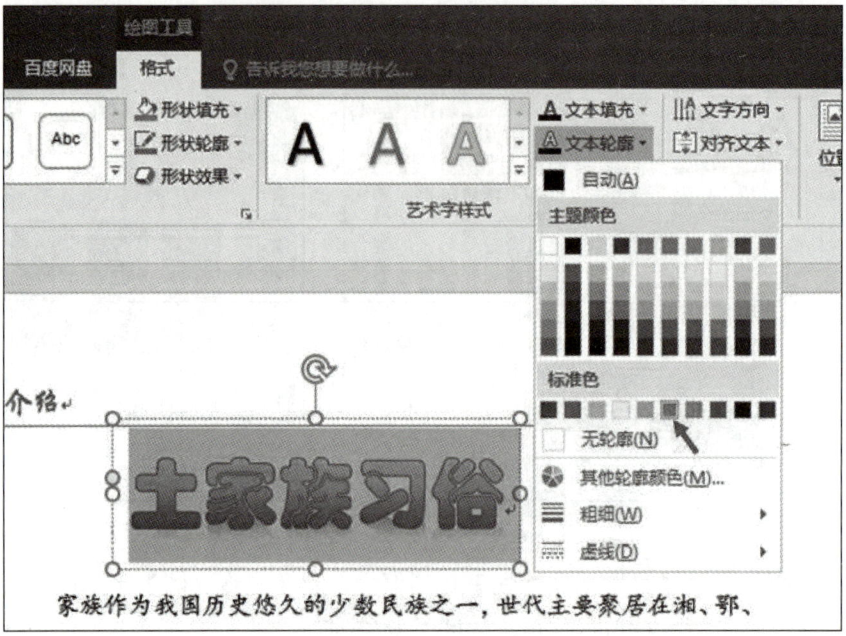

图 3-45　设置艺术字绿色轮廓颜色

(4) 艺术字文本效果设置。选中艺术字，单击【艺术字样式】组中的【文本效果】，选择【转换】，在弹出的下拉菜单中选择【山形】样式，如图 3-46 所示。

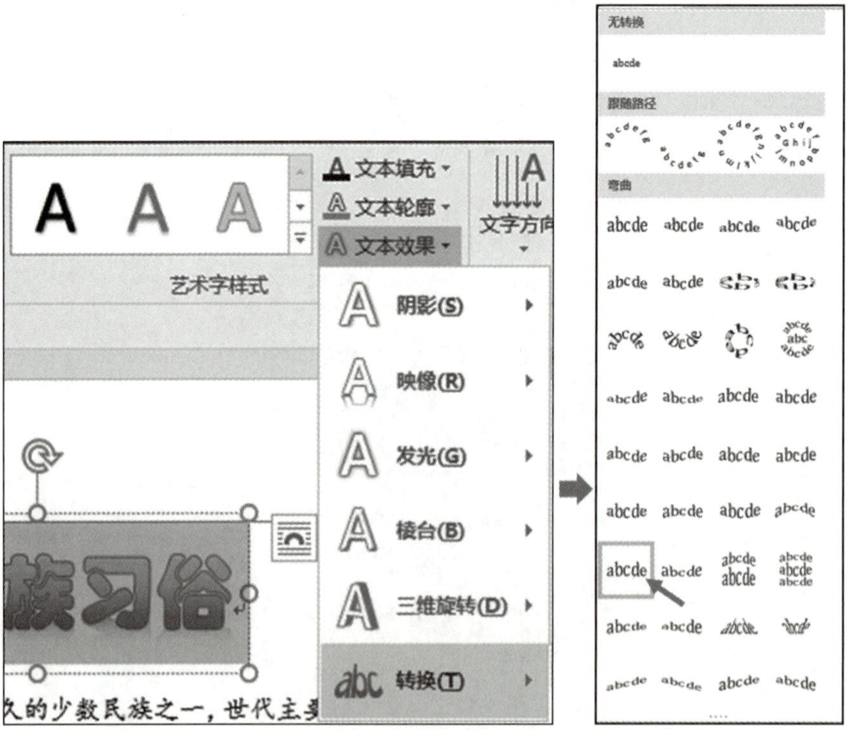

图 3-46　设置艺术字文本效果

最终效果如图 3-47 所示。

图 3-47　艺术字标题效果

3. 文本框的应用

(1) 插入文本框。单击【插入】选项卡【文本】组中的【文本框】，在弹出的下拉菜单中选择【绘制文本框】，如图 3-48 所示。

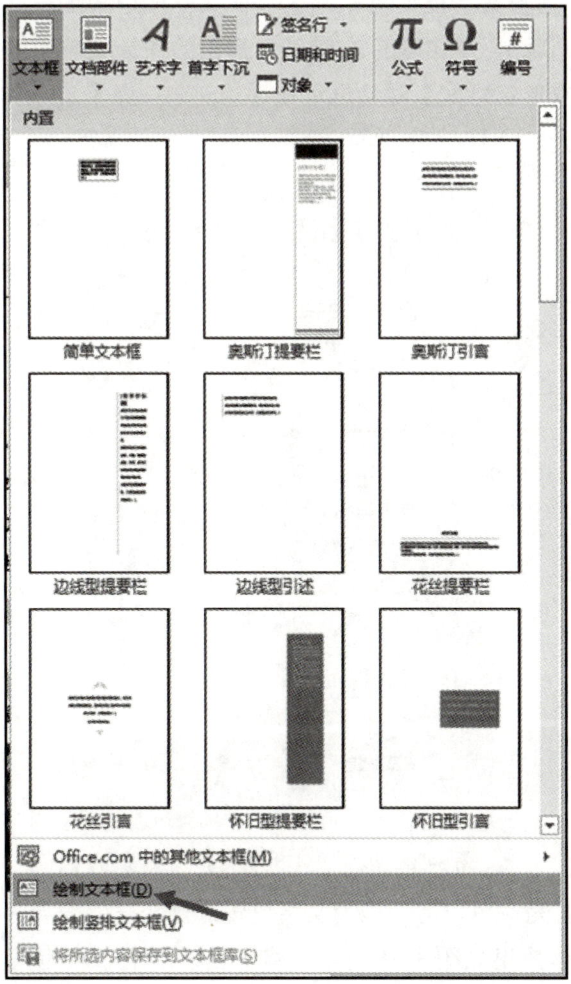

图 3-48　绘制文本框

将鼠标移至图片上，鼠标呈十字架形状时，按住鼠标左键不放，在图片上绘制一个横排文本框。在新建的文本框中输入文字“土家腊肉”，设置文字字体为华文行楷、小二，如图 3-49 所示。

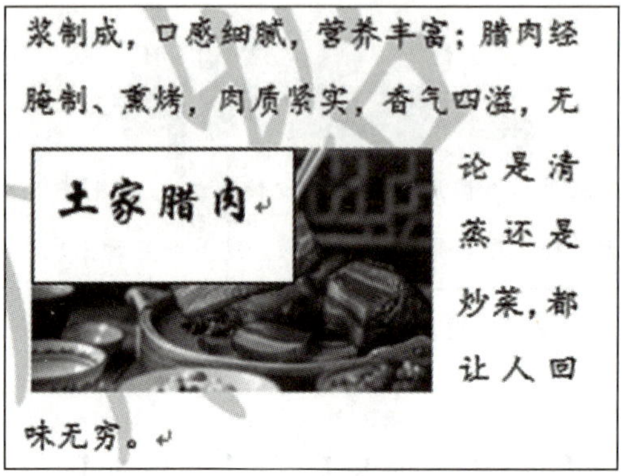

图 3-49　在图片上绘制文本框

(2) 设置文本框。选中文本框，将鼠标放置在文本框边线上，此时鼠标指针顶部出现移动标识 (四向箭头形状)，单击鼠标右键，在弹出的快捷菜单中选择【设置形状格式】，页面右侧将打开【设置形状格式】对话框，在【填充与线条】选项中设置【填充】为【无填充】，【线条】为【无线条】，如图 3-50 所示。

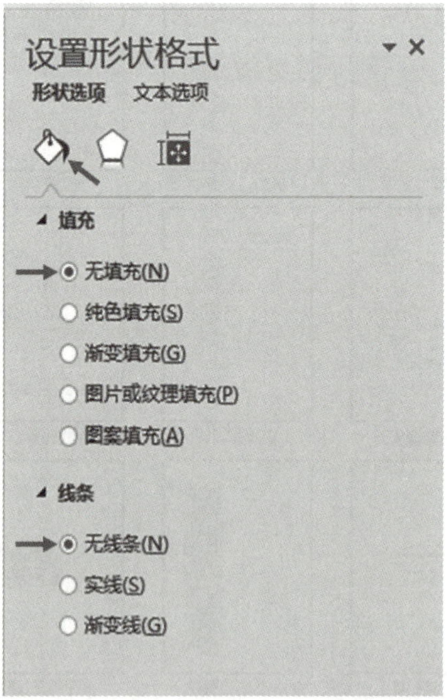

图 3-50　取消文本框填充和线条颜色

设置【文字颜色】为黄色，适当微调文字位置，直至摆放美观。

排版完成后的整体效果如图 3-51 所示。将文档以“土家族习俗 - 图文混排 .docx”为名保存在“D:\ 实验四”文件夹。

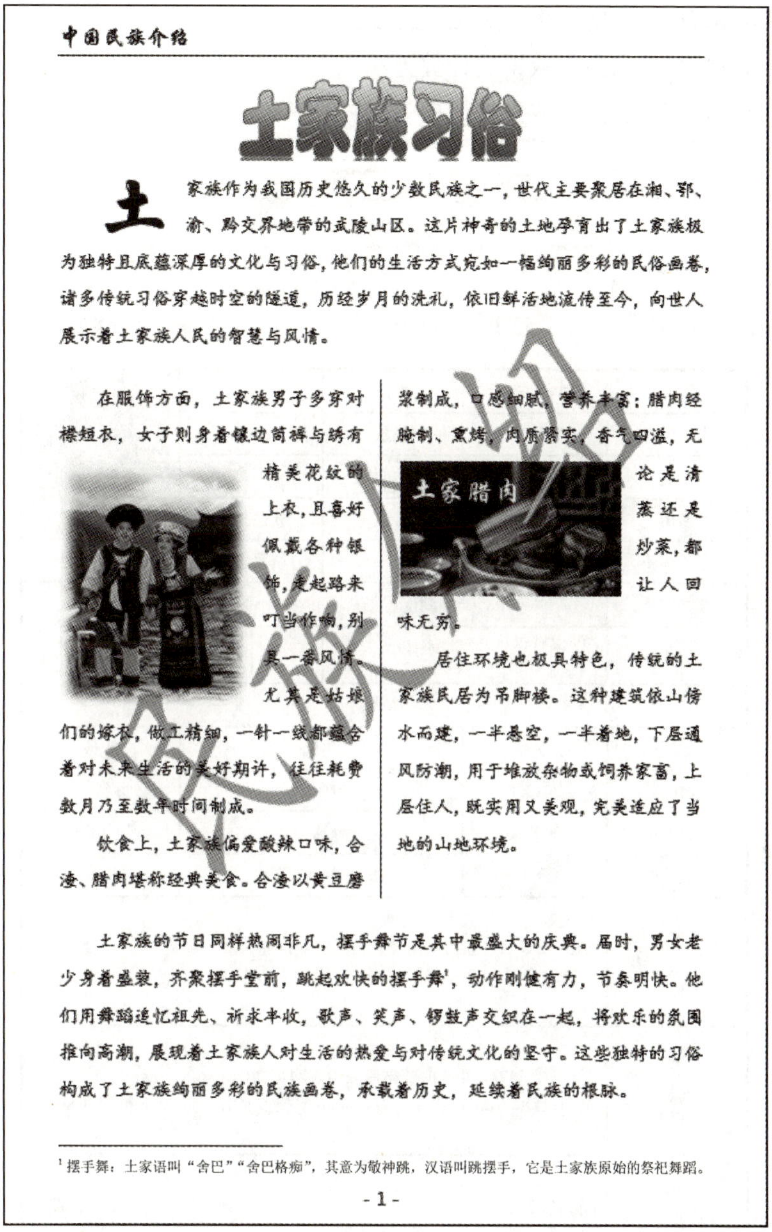

中国民族介绍

土家族习俗

土家族作为我国历史悠久的少数民族之一，世代主要聚居在湘、鄂、渝、黔交界地带的武陵山区。这片神奇的土地孕育出了土家族极为独特且底蕴深厚的文化与习俗，他们的生活方式宛如一幅绚丽多彩的民俗画卷，诸多传统习俗穿越时空的隧道，历经岁月的洗礼，依旧鲜活地流传至今，向世人展示着土家族人民的智慧与风情。

在服饰方面，土家族男子多穿对襟短衣，女子则身着镶边筒裤与绣有精美花纹的上衣，且喜好佩戴各种银饰，走起路来叮当作响，别具一番风情。尤其是姑娘们的嫁衣，做工精细，一针一线都蕴含着对未来生活的美好期许，往往耗费数月乃至数年时间制成。

饮食上，土家族偏爱酸辣口味，合渣、腊肉堪称经典美食。合渣以黄豆磨浆制成，口感细腻，营养丰富；腊肉经腌制、熏烤，肉质紧实，香气四溢，无论是清蒸还是炒菜，都让人回味无穷。

土家腊肉

居住环境也极具特色，传统的土家族民居为吊脚楼。这种建筑依山傍水而建，一半悬空，一半着地，下层通风防潮，用于堆放杂物或饲养家畜，上层住人，既实用又美观，完美适应了当地的山地环境。

土家族的节日同样热闹非凡，摆手舞节是其中最盛大的庆典。届时，男女老少身着盛装，齐聚摆手堂前，跳起欢快的摆手舞[1]，动作刚健有力，节奏明快。他们用舞蹈追忆祖先、祈求丰收，歌声、笑声、锣鼓声交织在一起，将欢乐的氛围推向高潮，展现着土家族人对生活的热爱与对传统文化的坚守。这些独特的习俗构成了土家族绚丽多彩的民族画卷，承载着历史，延续着民族的根脉。

[1] 摆手舞：土家语叫“舍巴”“舍巴格痴”，其意为敬神跳，汉语叫跳摆手，它是土家族原始的祭祀舞蹈。

- 1 -

图 3-51　实践四效果呈现

实践五　表格制作与计算

【实践目的】

(1) 掌握 Word 2016 表格的制作方法。

(2) 掌握 Word 2016 表格编辑与美化的方法。

(3) 掌握 Word 2016 表格中数据的计算方法。

(4) 掌握 Word 2016 表格中数据的排序方法。

【实践内容及步骤】

1. 制作个人简历表

使用 Word 2016 制作如图 3-52 所示的个人简历表，具体操作步骤如下。

<table>
<tr><td>姓名</td><td>张三</td><td>性别</td><td colspan="3">男</td><td colspan="4" rowspan="4"></td></tr>
<tr><td>出生年月</td><td>2005.3.18</td><td>民族</td><td colspan="3">土家族</td></tr>
<tr><td>籍贯</td><td>湖南张家界</td><td>政治面貌</td><td colspan="3">团员</td></tr>
<tr><td>学历</td><td>大专</td><td>专业</td><td colspan="3">软件技术</td></tr>
<tr><td>电子邮箱</td><td colspan="2">zh****@163.com</td><td colspan="3">联系电话</td><td colspan="4">135****0215</td></tr>
<tr><td>家庭地址</td><td colspan="9">湖南省张家界市****小区 56 栋</td></tr>
<tr><td>通信住址</td><td colspan="2">湖南省张家界****天门二号 56 栋</td><td>邮编</td><td>4</td><td>2</td><td>7</td><td>0</td><td>0</td><td>0</td></tr>
<tr><td colspan="10">个人履历</td></tr>
<tr><td>开始时间</td><td>结束时间</td><td colspan="4">单位</td><td colspan="4">职务</td></tr>
<tr><td>2016.9</td><td>2019.6</td><td colspan="4">**中学</td><td colspan="4">无</td></tr>
<tr><td>2019.9</td><td>2022.6</td><td colspan="4">**高中</td><td colspan="4">学习委员</td></tr>
<tr><td>2022.9</td><td>至今</td><td colspan="4">张家界****学院</td><td colspan="4">班长</td></tr>
<tr><td>个人荣誉</td><td colspan="9">1. 2023 年 6 月获得湖南省楚怡杯职业技能大赛一等奖。
2. 2024 年 9 月获得全国计算机应用大赛二等奖。</td></tr>
<tr><td>所学课程</td><td colspan="9">C 语言、JAVA、MySQL 数据库应用、网页制作、ASP、JavaScript 交互页面设计、Vue.js 框架开发、jQuery 技术应用、java EE 框架开发。</td></tr>
<tr><td>求职意向</td><td colspan="9">Web 前端设计与开发、Java Web 应用程序设计与开发、Java 游戏服务器开发、软件测试、数据库管理、软件销售技术支持等相关工作。</td></tr>
</table>

图 3-52　个人简历表效果图

1) 创建新文档

打开 Word 2016 并创建空白文档，然后将该文档以“个人简历表”为名保存在“D:\ 实践五”目录下。

2) 创建表格

单击【插入】选项卡【表格】功能组中的【表格】，在下拉列表中选择【插入表格】，在弹出的【插入表格】对话框中，设置【表格尺寸】的【列数】为 5、【行数】为 15，单击【确定】，如图 3-53 所示。

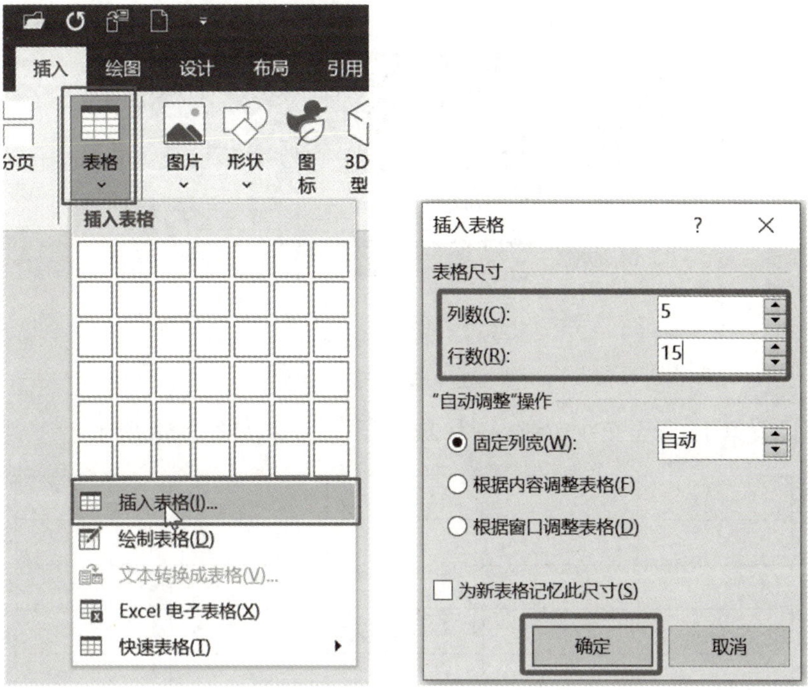

图 3-53　插入表格设置

在文档中将插入如图 3-54 所示的 15 行 5 列的表格。

图 3-54　插入表格的效果

3) 调整表格结构

(1) 调整行高。拖动鼠标选中表格第 1 行至第 12 行，此时功能区出现【表格工具】选项卡，打开【表布局】选项卡，将【单元格大小】功能组的【高度】设置为 0.8 厘米，如图 3-55 所示。

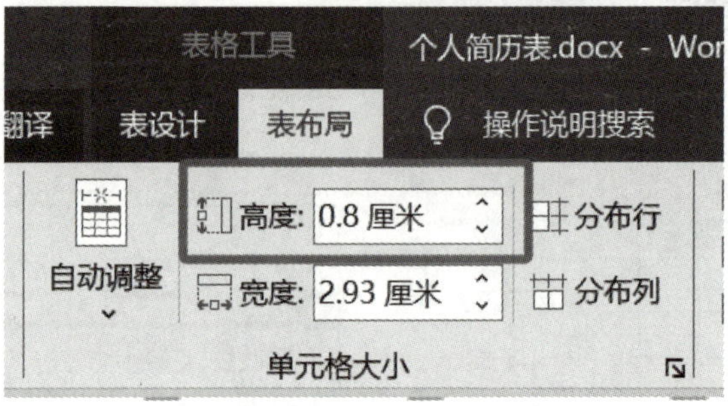

图 3-55　设置表格高度

同理，设置第 13 行至第 15 行行高为 2.5 厘米，效果如图 3-56 所示。

图 3-56　设置行高后的效果

(2) 合并单元格。选中表格第 5 列的第 1 行至第 4 行，单击【表格工具】中的【表布局】，在【合并】功能区中单击【合并单元格】按钮，如图 3-57 所示。

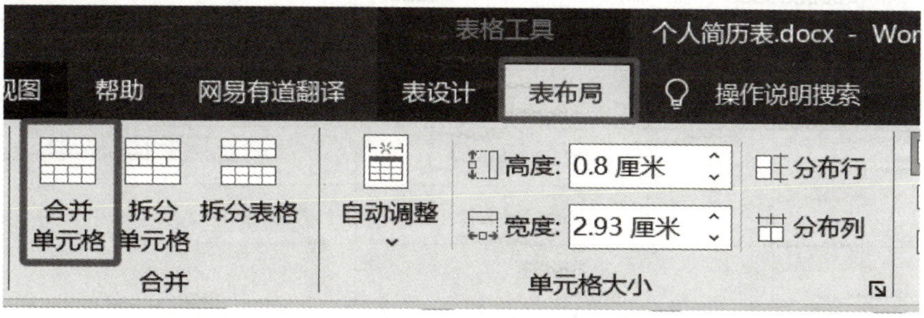

图 3-57　合并单元格设置

同样，将表格中的其他相应单元格进行合并，得到如图 3-58 所示的个人简历表基本框架。

图 3-58　合并后效果

(3) 调整局部列宽。选中表格第 7 行第 4 列单元格，用鼠标拖动右侧的框线进行局部列宽的调整，调整到合适位置松开鼠标，如图 3-59 所示。

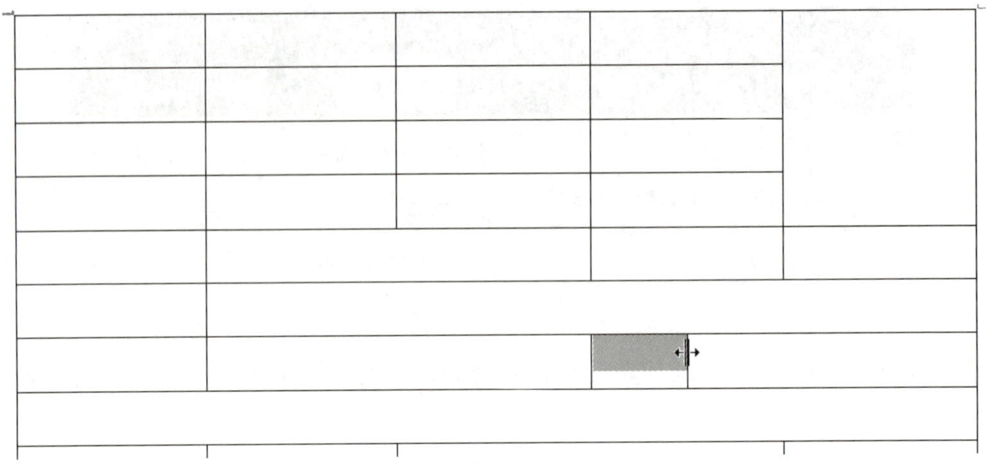

图 3-59　局部列宽的调整

(4) 拆分单元格。选中表格第 7 行第 5 列单元格，单击【表格工具】中的【表布局】，在【合并】功能组中单击【拆分单元格】按钮，在弹出的【拆分单元格】对话框中将【列数】设置为 6，单击【确定】，如图 3-60 所示。

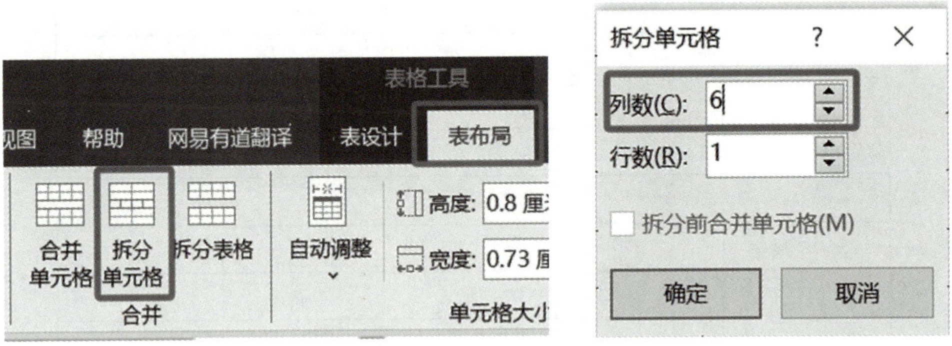

图 3-60　拆分单元格设置

完成拆分后的效果如图 3-61 所示。

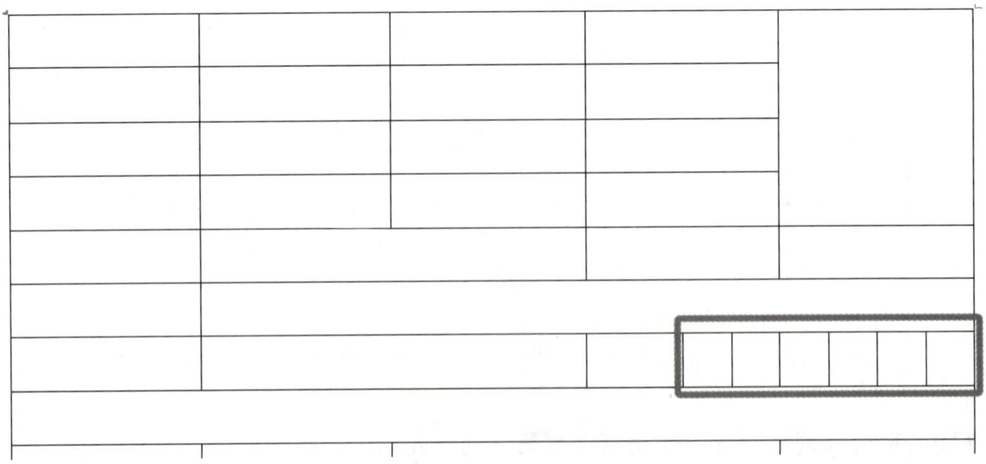

图 3-61　单元格拆分效果

(5) 输入文本内容并设置格式。分别在每个单元格中输入相应的文本内容，设置字体为宋体、五号，如图 3-62 所示。

<table>
<tr><td>姓名</td><td>张三</td><td>性别</td><td colspan="3">男</td><td colspan="4" rowspan="4"></td></tr>
<tr><td>出生年月</td><td>2005. 3. 18</td><td>民族</td><td colspan="3">土家族</td></tr>
<tr><td>籍贯</td><td>湖南张家界</td><td>政治面貌</td><td colspan="3">团员</td></tr>
<tr><td>学历</td><td>大专</td><td>专业</td><td colspan="3">软件技术</td></tr>
<tr><td>电子邮箱</td><td colspan="2">zh****@163. com</td><td colspan="3">联系电话</td><td colspan="4">135****0215</td></tr>
<tr><td>家庭地址</td><td colspan="9">湖南省张家界市****小区 56 栋</td></tr>
<tr><td>通信住址</td><td colspan="2">湖南省张家界****天门二号 56 栋</td><td>邮编</td><td>4</td><td>2</td><td>7</td><td>0</td><td>0</td><td>0</td></tr>
<tr><td colspan="10">个人履历</td></tr>
<tr><td>开始时间</td><td>结束时间</td><td colspan="4">单位</td><td colspan="4">职务</td></tr>
<tr><td>2016. 9</td><td>2019. 6</td><td colspan="4">**中学</td><td colspan="4">无</td></tr>
<tr><td>2019. 9</td><td>2022. 6</td><td colspan="4">**高中</td><td colspan="4">学习委员</td></tr>
<tr><td>2022. 9</td><td>至今</td><td colspan="4">张家界****学院</td><td colspan="4">班长</td></tr>
<tr><td>个人荣誉</td><td colspan="9">1. 2023 年 6 月获得湖南省楚怡杯职业技能大赛一等奖。
2. 2024 年 9 月获得全国计算机应用大赛二等奖。</td></tr>
<tr><td>所学课程</td><td colspan="9">C 语言、JAVA、MySQL 数据库应用、网页制作、ASP、JavaScript 交互页面设计、Vue.js 框架开发、jQuery 技术应用、java EE 框架开发。</td></tr>
<tr><td>求职意向</td><td colspan="9">Web 前端设计与开发、Java Web 应用程序设计与开发、Java 游戏服务器开发、软件测试、数据库管理、软件销售技术支持等相关工作。</td></tr>
</table>

图 3-62　输入文本后效果

单击表格左上角的选择表格按钮 ,选中整个表格,单击【表格工具】中的【表布局】,在【对齐方式】功能组中单击【水平居中】按钮 ,设置文本水平和垂直方向居中,如图 3-63 所示。

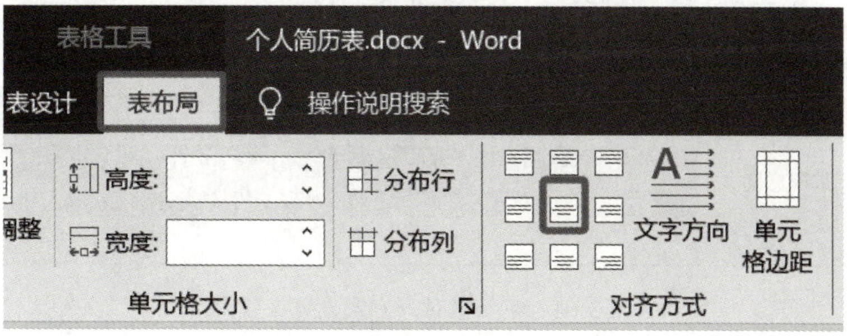

图 3-63　设置单元格对齐方式

同样，选定第 13 行至第 15 行的第 2 列，设置单元格【对齐方式】为水平左对齐，如图 3-64 所示。

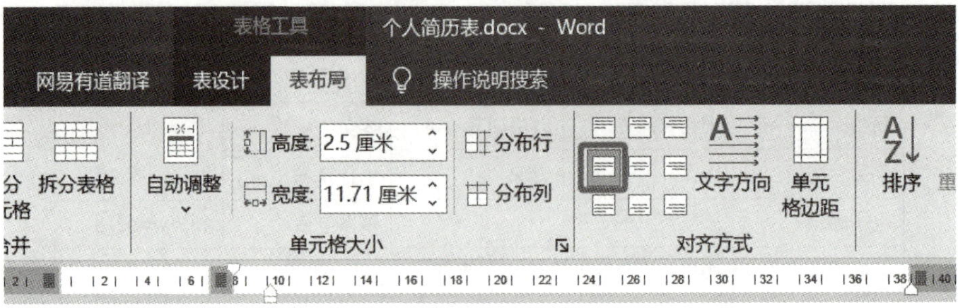

<table>
<tr><td>姓名</td><td>张三</td><td>性别</td><td colspan="3">男</td><td colspan="4" rowspan="4"></td></tr>
<tr><td>出生年月</td><td>2005. 3. 18</td><td>民族</td><td colspan="3">土家族</td></tr>
<tr><td>籍贯</td><td>湖南张家界</td><td>政治面貌</td><td colspan="3">团员</td></tr>
<tr><td>学历</td><td>大专</td><td>专业</td><td colspan="3">软件技术</td></tr>
<tr><td>电子邮箱</td><td colspan="2">zh****@163. com</td><td colspan="3">联系电话</td><td colspan="4">135****0215</td></tr>
<tr><td>家庭地址</td><td colspan="9">湖南省张家界市****小区 56 栋</td></tr>
<tr><td>通信住址</td><td colspan="2">湖南省张家界****天门二号 56 栋</td><td>邮编</td><td>4</td><td>2</td><td>7</td><td>0</td><td>0</td><td>0</td></tr>
<tr><td colspan="10">个人履历</td></tr>
<tr><td>开始时间</td><td>结束时间</td><td colspan="4">单位</td><td colspan="4">职务</td></tr>
<tr><td>2016. 9</td><td>2019. 6</td><td colspan="4">**中学</td><td colspan="4">无</td></tr>
<tr><td>2019. 9</td><td>2022. 6</td><td colspan="4">**高中</td><td colspan="4">学习委员</td></tr>
<tr><td>2022. 9</td><td>至今</td><td colspan="4">张家界****学院</td><td colspan="4">班长</td></tr>
<tr><td>个人荣誉</td><td colspan="9">1. 2023 年 6 月获得湖南省楚怡杯职业技能大赛一等奖。
2. 2024 年 9 月获得全国计算机应用大赛二等奖。</td></tr>
<tr><td>所学课程</td><td colspan="9">C 语言、JAVA、MySQL 数据库应用、网页制作、ASP、JavaScript 交互页面设计、Vue.js 框架开发、jQuery 技术应用、java EE 框架开发。</td></tr>
<tr><td>求职意向</td><td colspan="9">Web 前端设计与开发、Java Web 应用程序设计与开发、Java 游戏服务器开发、软件测试、数据库管理、软件销售技术支持等相关工作。</td></tr>
</table>

图 3-64　单元格对齐方式设置完效果

选中“个人荣誉”“所学课程”“求职意向”单元格，单击【表格工具】中的【表布局】，在【对齐方式】功能组中单击【文字方向】，切换【文字方向】为垂直方向，如图 3-65 所示。

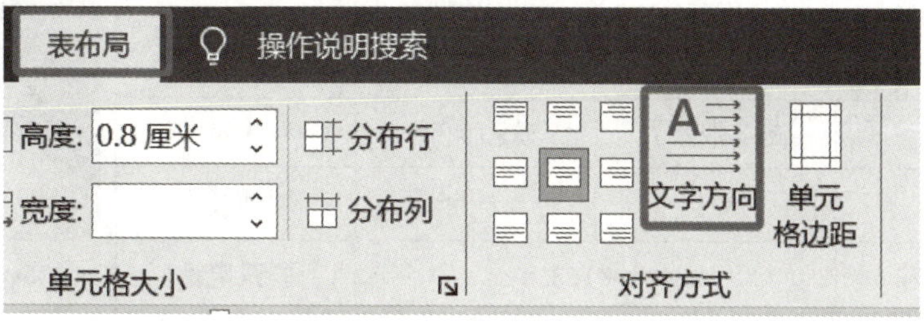

图 3-65　切换文字方向

切换文字方向后的效果如图 3-66 所示。

个人荣誉	1. 2023 年 6 月获得湖南省楚怡杯职业技能大赛一等奖。 2. 2024 年 9 月获得全国计算机应用大赛二等奖。
所学课程	C 语言、JAVA、MySQL 数据库应用、网页制作、ASP、JavaScript 交互页面设计、Vue.js 框架开发、jQuery 技术应用、java EE 框架开发。
求职意向	Web 前端设计与开发、Java Web 应用程序设计与开发、Java 游戏服务器开发、软件测试、数据库管理、软件销售技术支持等相关工作。

图 3-66　切换文字方向效果

(6) 插入图片。选中表格第 1 行最右侧的单元格，单击【插入】选项卡中的【图片】，打开【插入图片】对话框，选择要插入的图片，这里选择“D:\ 实验五”路径下的“照片”，如图 3-67 所示。

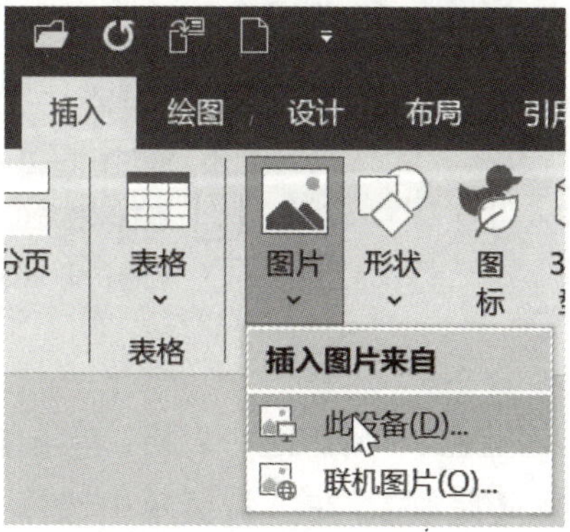

图 3-67　插入图片

插入图片后，将图片大小和位置调整至合适，效果如图 3-68 所示。

姓名	张三	性别	男	
出生年月	2005. 3. 18	民族	土家族	
籍贯	湖南张家界	政治面貌	团员	
学历	大专	专业	软件技术	
电子邮箱	zh****@163. com		联系电话	135****0215
家庭地址	湖南省张家界市****小区 56 栋			

图 3-68　插入图片后效果

(7) 添加边框和底纹。选中整个表格，单击【表格工具】中的【表设计】，在【边框】功能组中选择【框线粗细】为 2.25 磅,【笔颜色】为深蓝色,在【边框】下拉列表中选择【外侧框线】，如图 3-69 所示。

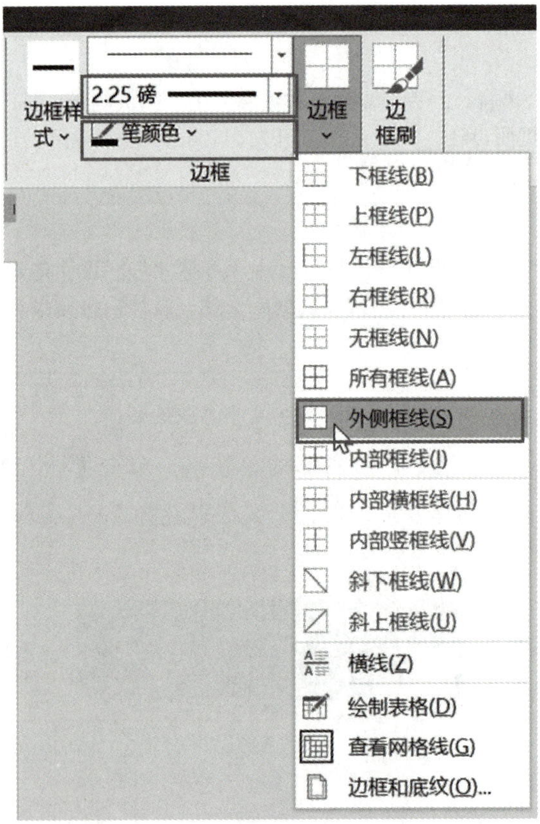

图 3-69　设置外侧边框线

同样，设置表格内框线为深蓝色、1 磅。选中表格，单击【表格工具】中的【表设计】，在【表格样式】功能组中单击【底纹】，在下拉菜单中选择【底纹】颜色白色、背景 1、深色 5%，如图 3-70 所示。

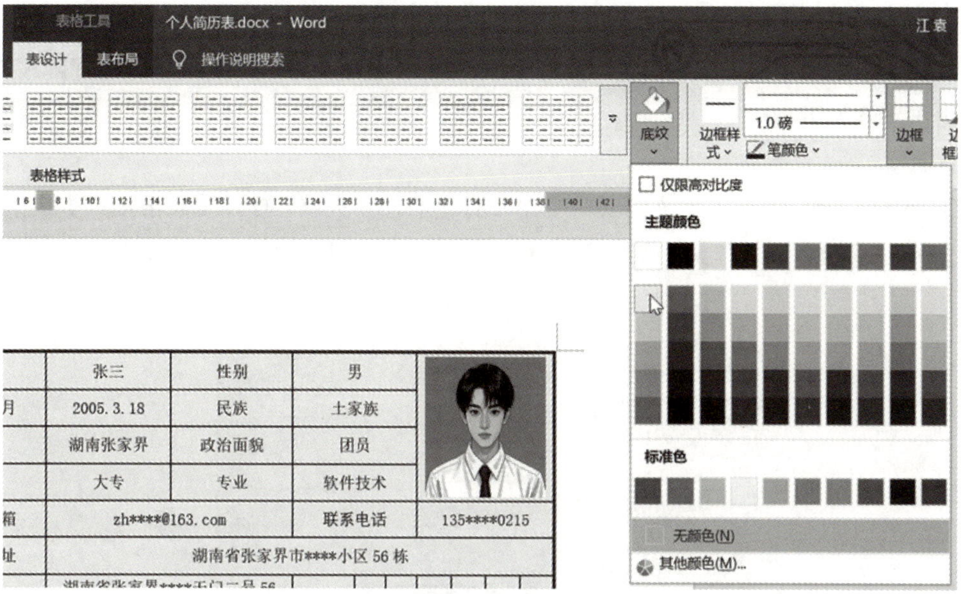

图 3-70　设置底纹

最终效果如图 3-71 所示。

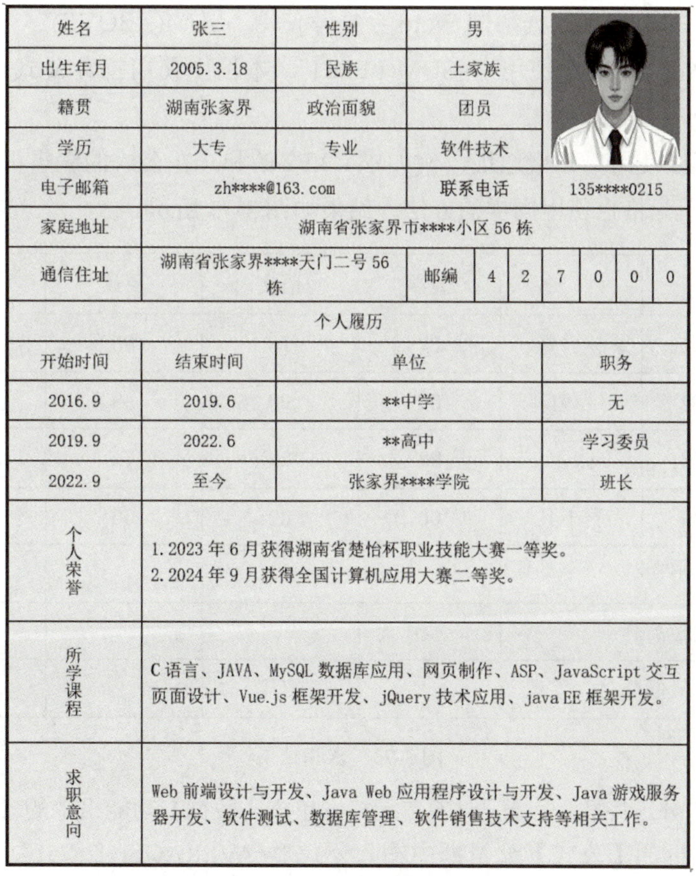

姓名	张三	性别	男							
出生年月	2005. 3. 18	民族	土家族							
籍贯	湖南张家界	政治面貌	团员							
学历	大专	专业	软件技术							
电子邮箱	zh****@163. com		联系电话	135****0215						
家庭地址	湖南省张家界市****小区 56 栋									
通信住址	湖南省张家界****天门二号 56 栋		邮编	4	2	7	0	0	0	
个人履历										
开始时间	结束时间	单位		职务						
2016. 9	2019. 6	**中学		无						
2019. 9	2022. 6	**高中		学习委员						
2022. 9	至今	张家界****学院		班长						
个人荣誉	1. 2023 年 6 月获得湖南省楚怡杯职业技能大赛一等奖。 2. 2024 年 9 月获得全国计算机应用大赛二等奖。									
所学课程	C 语言、JAVA、MySQL 数据库应用、网页制作、ASP、JavaScript 交互页面设计、Vue.js 框架开发、jQuery 技术应用、java EE 框架开发。									
求职意向	Web 前端设计与开发、Java Web 应用程序设计与开发、Java 游戏服务器开发、软件测试、数据库管理、软件销售技术支持等相关工作。									

图 3-71　实践完成效果

2. 成绩表的计算

打开本书配套素材“表格计算 .docx”，对成绩表进行计算，并按照总分进行降序排序。具体操作步骤如下。

1) 计算

(1) 计算总分。将光标定位到表格中第 2 行最右侧单元格，打开【表格工具】中的【表布局】，单击【数据】功能组中的【公式】按钮 *fx*，弹出【公式】对话框，如图 3-72 所示。

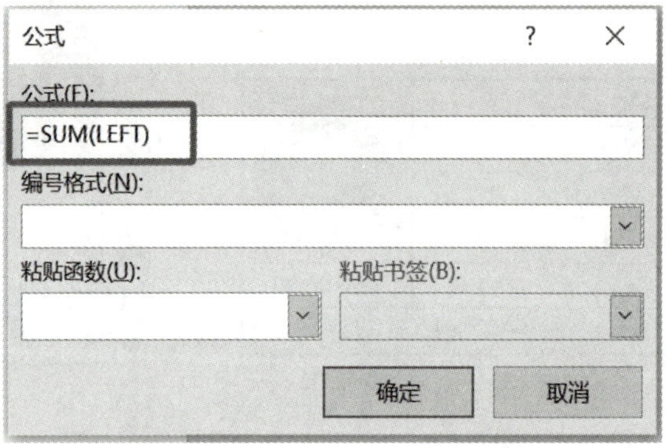

图 3-72 【公式】对话框

如果插入点的上方有数据，则 Word 会推荐使用“SUM(ABOVE)”；如果插入点的左方有数据，则 Word 会推荐使用“=SUM(LEFT)”。本例中使用推荐公式“=SUM(LEFT)”即可求出和为 250。

公式中也可以使用单元格地址，例如求 C2:F2 的和，在公式的编辑框中输入“=SUM(C2:F2)”，其他单元格也使用同样的方法，结果如图 3-73 所示。

学　号	姓　名	数学	语文	英语	总分
02032101	林勇峰	87	78	85	250
02032102	罗虹	89	90	98	277
02032103	张阳	92	89	78	259
02032104	李小凡	60	82	50	192
平均分					
最高分					
最低分					

图 3-73 求和结果

(2) 计算平均分。将插入点置于 C6 单元格，单击【数据】功能组中的【公式】按钮 *fx*，在【公式】对话框的【公式】编辑框中输入公式“=AVERAGE(C2:C5)”，在【编号格式】编辑栏中输入 0.0，保留 1 位小数，单击【确定】，即可求出平均分，如图 3-74 所示。

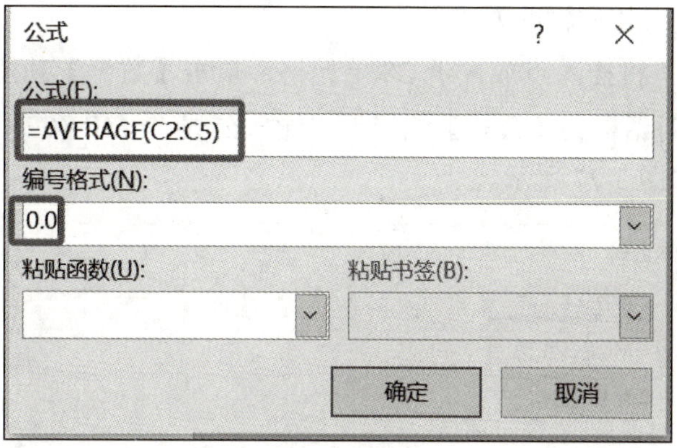

图 3-74　求平均值

其他科目求平均分用同样的方法，计算结果如图 3-75 所示。

学　号	姓　名	数学	语文	英语	总分
02032102	罗虹	89	90	98	277
02032103	张阳	92	89	78	259
02032101	林勇峰	87	78	85	250
02032104	李小凡	60	82	50	192
平均分		82.0	84.8	77.8	244.5
最高分					
最低分					

图 3-75　求平均值结果

(3) 计算最高分。将插入点置于 C7 单元格，单击【数据】功能组中的【公式】按钮 *fx*，在【公式】对话框的【公式】编辑框中输入公式“=MAX(C2:C5)”，单击【确定】，即可求出最高分，如图 3-76 所示。

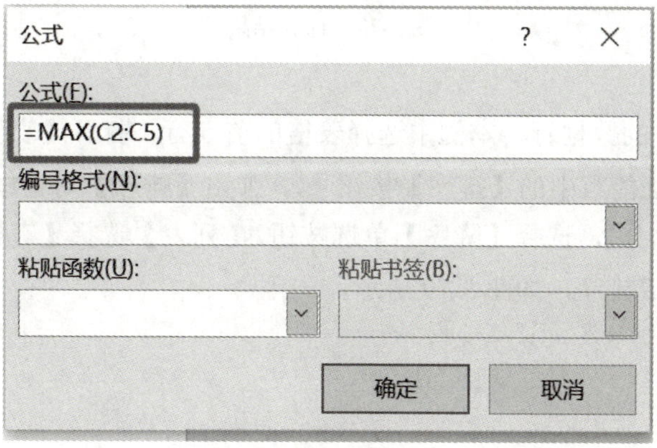

图 3-76　求最高分

其他科目求最高分用同样的方法。

(4) 计算最低分。将插入点放置于C8单元格，单击【数据】功能组中的【公式】按钮 *fx*，在【公式】对话框的【公式】编辑框中输入公式“=MIN(C2:C5)”，单击【确定】，即可求出最低分，如图3-77所示。

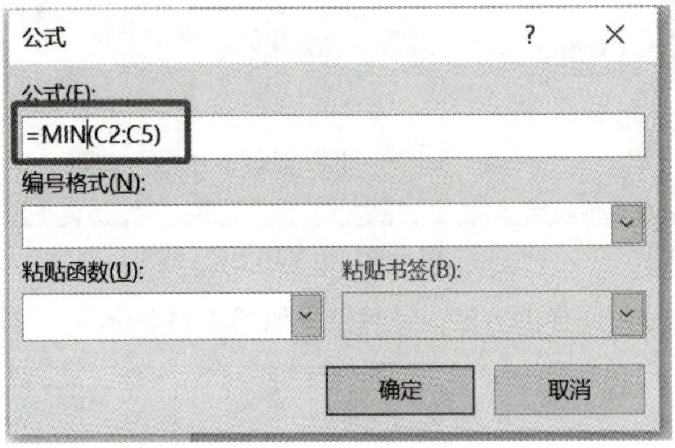

图3-77 求最低分

其他科目求最低分用同样的方法，计算完的结果如图3-78所示。

学 号	姓 名	数学	语文	英语	总分
02032101	林勇峰	87	78	85	250
02032102	罗虹	89	90	98	277
02032103	张阳	92	89	78	259
02032104	李小凡	60	82	50	192
平均分		82.0	84.8	77.8	244.5
最高分		92	90	98	277
最低分		60	78	50	192

图3-78 计算结果

2) 排序

鼠标框选要排序的数据行，本例中选择表格的前5行，打开【表格工具】中的【表布局】，单击【数据】功能组中的【排序】按钮，弹出【排序】对话框，在【主要关键字】下拉列表中选择【总分】，选择【降序】单选按钮，【列表】选择【有标题行】单选框，单击【确定】，即可完成排序，如图3-79所示。

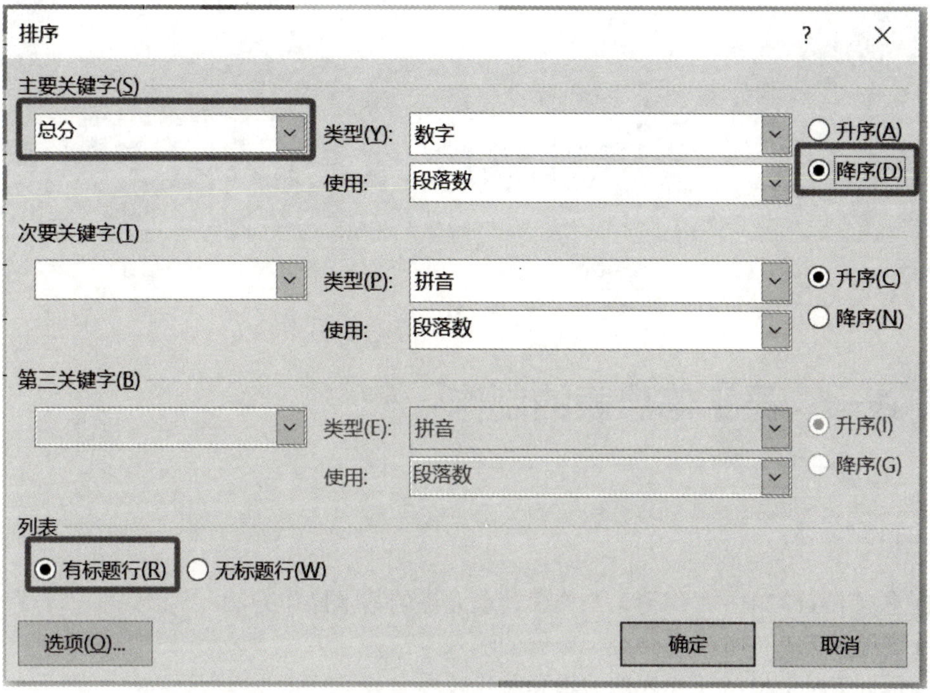

图 3-79 【排序】对话框

排序结果如图 3-80 所示。至此，实践五完成。

学　号	姓　名	数学	语文	英语	总分
02032102	罗虹	89	90	98	277
02032103	张阳	92	89	78	259
02032101	林勇峰	87	78	85	250
02032104	李小凡	60	82	50	192
平均分		82.0	84.8	77.8	244.5
最高分		92	90	98	277
最低分		60	78	50	192

图 3-80　排序完成效果

第四章　电子表格软件 Excel 2016

实践一　员工信息表的制作

【实践目的】

(1) 掌握 Excel 2016 工作簿、工作表、单元格的基本操作方法。

(2) 掌握 Excel 2016 中各种类型数据的输入方法。

(3) 掌握 Excel 2016 工作表的编辑和美化技巧。

【实践内容及步骤】

1. 新建工作簿并重命名工作表标签

新建工作簿文件，命名为“员工信息表 .xlsx”，将 Sheet1 工作表标签重命名为“员工信息表”。具体操作步骤如下：

(1) 新建工作簿并保存。单击【开始】菜单，在程序列表中找到 Excel 2016 程序图标，单击启动 Excel 2016，单击【空白工作簿】，如图 4-1 所示。

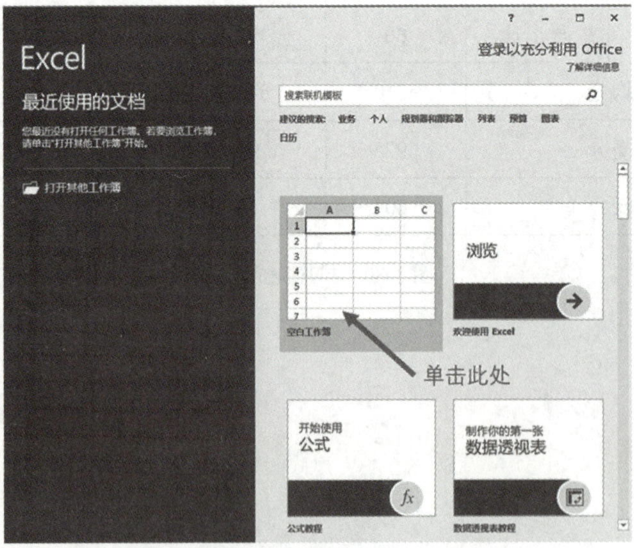

图 4-1　新建空白工作簿

此时，Excel 2016 会自动新建一个名为“工作簿 1 ”的空白 Excel 文档，如图 4-2 所示。

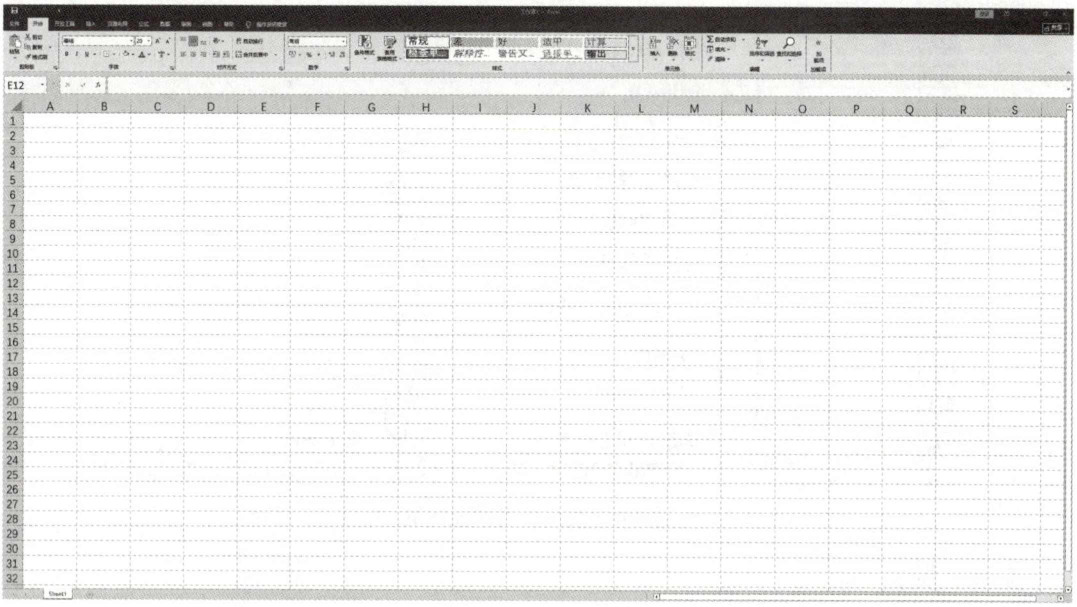

图 4-2　工作簿 1

单击【文件】选项卡中的【保存】，弹出【另存为】对话框，选择工作簿的保存位置 (本例为“此电脑 /D 盘 / 实践一”文件夹)，在文件名编辑栏输入“员工信息表”，单击【保存】，如图 4-3 所示。

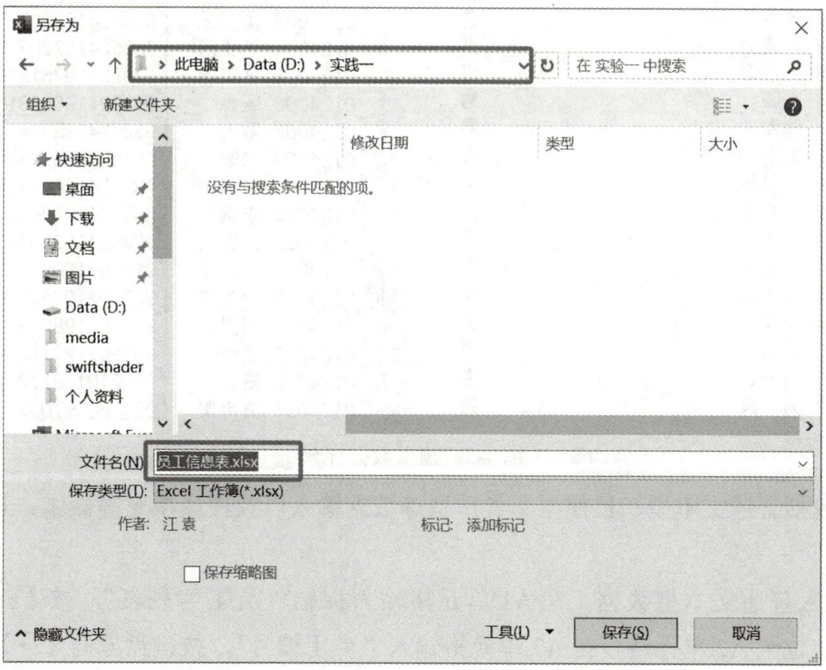

图 4-3　保存工作簿

(2) 重命名工作表标签。右击“Sheet1”工作表标签，在弹出的快捷菜单中选择【重命名】，此时标签变成可编辑状态，输入“员工信息表”按【Enter】键，如图 4-4 所示。

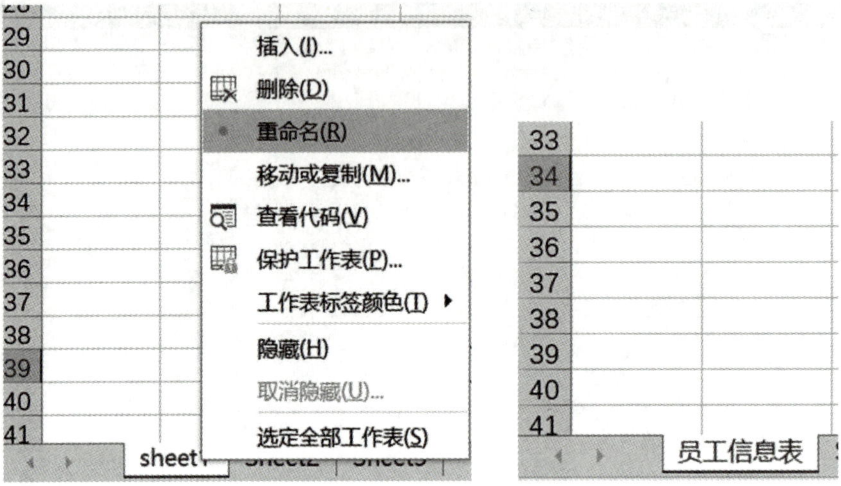

图 4-4　重命名工作表标签

2. 输入数据

在员工信息表中输入数据，样表如图 4-5 所示。

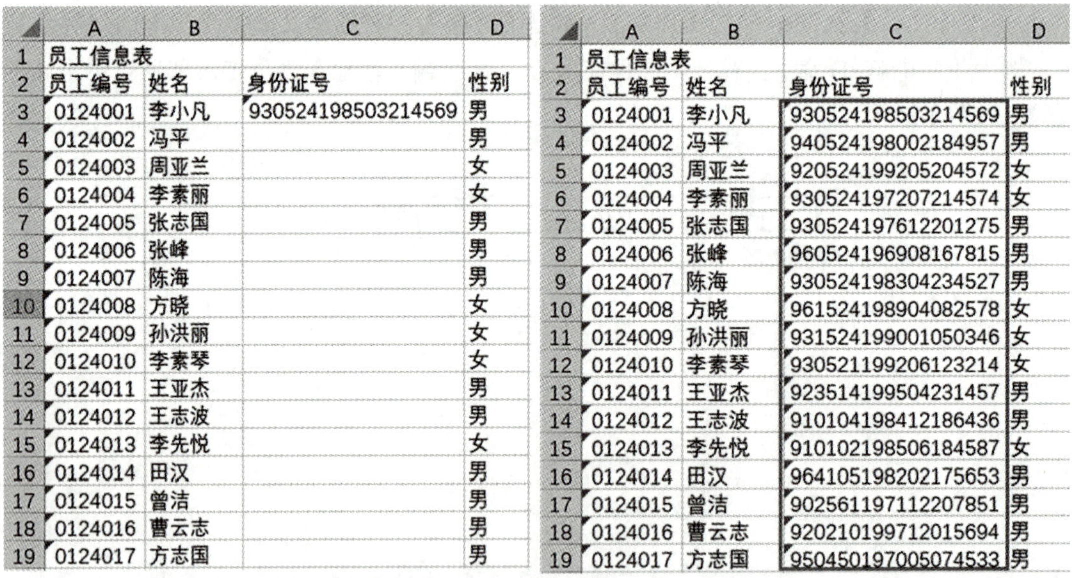

	A	B	C	D
1	员工信息表			
2	员工编号	姓名	身份证号	性别
3	0124001	李小凡	930524198503214569	男
4	0124002	冯平		男
5	0124003	周亚兰		女
6	0124004	李素丽		女
7	0124005	张志国		男
8	0124006	张峰		男
9	0124007	陈海		男
10	0124008	方晓		女
11	0124009	孙洪丽		女
12	0124010	李素琴		女
13	0124011	王亚杰		男
14	0124012	王志波		男
15	0124013	李先悦		女
16	0124014	田汉		男
17	0124015	曾洁		男
18	0124016	曹云志		男
19	0124017	方志国		男

	A	B	C	D
1	员工信息表			
2	员工编号	姓名	身份证号	性别
3	0124001	李小凡	930524198503214569	男
4	0124002	冯平	940524198002184957	男
5	0124003	周亚兰	920524199205204572	女
6	0124004	李素丽	930524197207214574	女
7	0124005	张志国	930524197612201275	男
8	0124006	张峰	960524196908167815	男
9	0124007	陈海	930524198304234527	男
10	0124008	方晓	961524198904082578	女
11	0124009	孙洪丽	931524199001050346	女
12	0124010	李素琴	930521199206123214	女
13	0124011	王亚杰	923514199504231457	男
14	0124012	王志波	910104198412186436	男
15	0124013	李先悦	910102198506184587	女
16	0124014	田汉	964105198202175653	男
17	0124015	曾洁	902561197112207851	男
18	0124016	曹云志	920210199712015694	男
19	0124017	方志国	950450197005074533	男

图 4-5　输入数据样表

样表包括普通文本型、日期型、货币型等数据输入以及快速填充等操作。具体操作步骤如下：

(1) 输入普通文本型数据。在 A1 单元格输入标题“员工信息表”，按【Enter】键确认，光标定位至 A2 单元格。在 A2 单元格输入“员工编号”，按键盘方向【→】键切换至 B2 单元格。如图 4-5 所示依次在 B2 至 F2 单元格输入其他列标题，完成后在“姓名”列 (B 列) 和“性别”列 (D 列) 输入相应数据，如图 4-6 所示。

	A	B	C	D	E	F
1	员工信息表					
2	员工编号	姓名	身份证号	性别	出生年月	基本工资
3		李小凡		男		
4		冯平		男		
5		周亚兰		女		
6		李素丽		女		
7		张志国		男		
8		张峰		男		
9		陈海		男		
10		方晓		女		
11		孙洪丽		女		
12		李素琴		女		
13		王亚杰		男		
14		王志波		男		
15		李先悦		女		
16		田汉		男		
17		曾洁		男		
18		曹云志		男		
19		方志国		男		

图 4-6　输入“姓名”列和“性别”列

(2) 输入以 0 开头的数字编号并利用填充柄快速输入。选中 A3 到 A19 单元格区域，单击鼠标右键，在弹出的快捷菜单中选择【单元格格式】，打开【设置单元格格式】对话框，在【数字】选项卡中选择【文本】，单击【确定】，如图 4-7 所示。

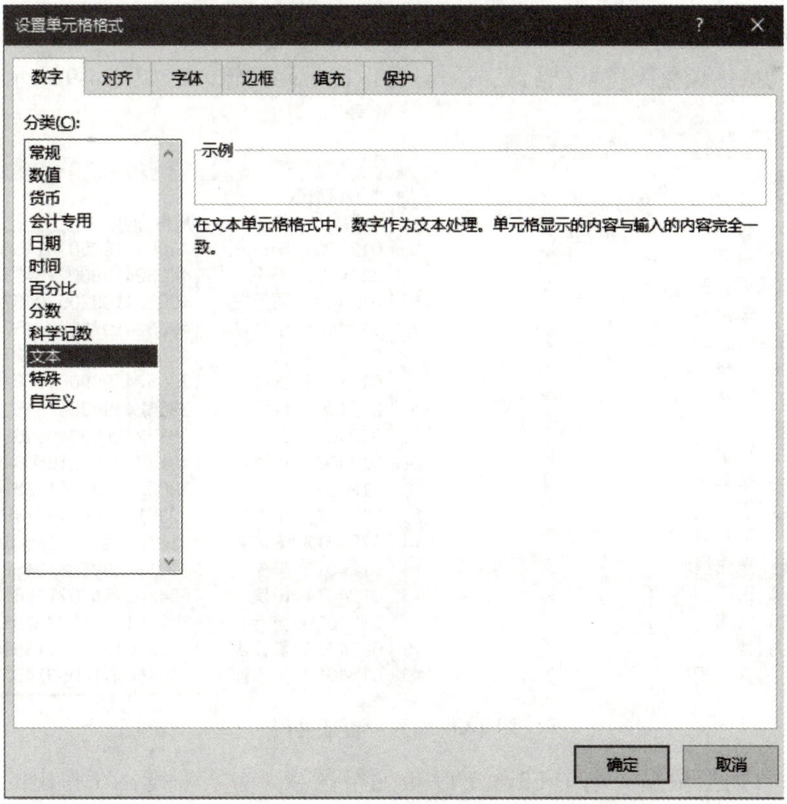

图 4-7　设置单元格格式对话框

格式设置完后，即可在 A3 单元格输入编号“0124001”。将鼠标移动到 A3 单元格右下角的填充柄上，按住鼠标拖至 A19，即可完成快速输入，如图 4-8 所示。

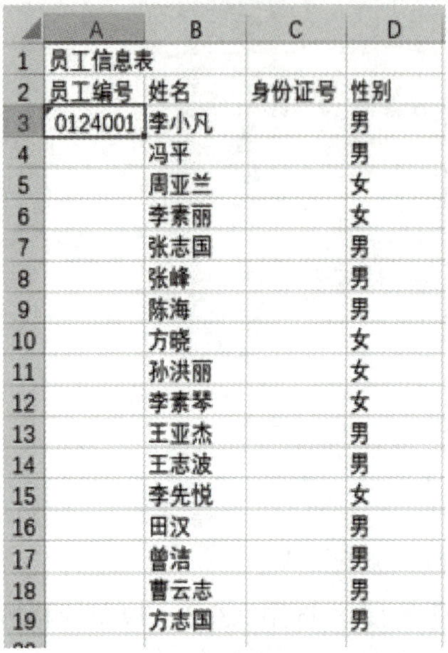

	A	B	C	D
1	员工信息表			
2	员工编号	姓名	身份证号	性别
3	0124001	李小凡		男
4		冯平		男
5		周亚兰		女
6		李素丽		女
7		张志国		男
8		张峰		男
9		陈海		男
10		方晓		女
11		孙洪丽		女
12		李素琴		女
13		王亚杰		男
14		王志波		男
15		李先悦		女
16		田汉		男
17		曾洁		男
18		曹云志		男
19		方志国		男

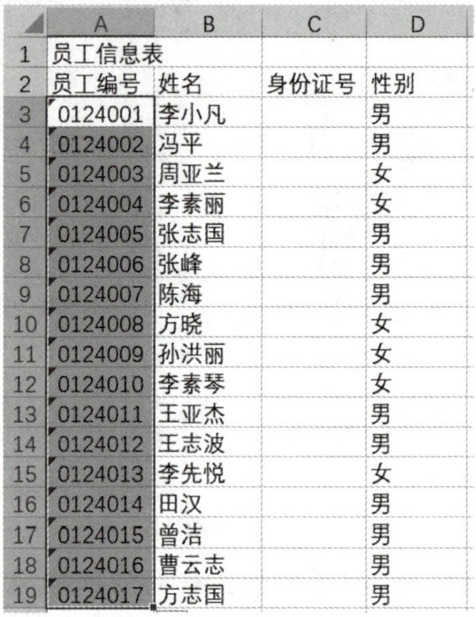

	A	B	C	D
1	员工信息表			
2	员工编号	姓名	身份证号	性别
3	0124001	李小凡		男
4	0124002	冯平		男
5	0124003	周亚兰		女
6	0124004	李素丽		女
7	0124005	张志国		男
8	0124006	张峰		男
9	0124007	陈海		男
10	0124008	方晓		女
11	0124009	孙洪丽		女
12	0124010	李素琴		女
13	0124011	王亚杰		男
14	0124012	王志波		男
15	0124013	李先悦		女
16	0124014	田汉		男
17	0124015	曾洁		男
18	0124016	曹云志		男
19	0124017	方志国		男

图 4-8　输入以 0 开头的员工编号并利用填充柄快速输入

(3) 输入超过 11 位的数字。选中 C2 至 C19 单元区域，设置【单元格格式】为【文本型】，如图 4-7 所示，即可直接输入身份证号码。此时发现列宽不够，鼠标指针移动到 C 列边界，拖动鼠标调整列宽，然后完成所有身份证号码的输入，如图 4-9 所示。

	A	B	C	D
1	员工信息表			
2	员工编号	姓名	身份证号	性别
3	0124001	李小凡	41985032	男
4	0124002	冯平		男
5	0124003	周亚兰		女
6	0124004	李素丽		女
7	0124005	张志国		男
8	0124006	张峰		男
9	0124007	陈海		男
10	0124008	方晓		女
11	0124009	孙洪丽		女
12	0124010	李素琴		女
13	0124011	王亚杰		男
14	0124012	王志波		男
15	0124013	李先悦		女
16	0124014	田汉		男
17	0124015	曾洁		男
18	0124016	曹云志		男
19	0124017	方志国		男

	A	B	C	D
1	员工信息表			
2	员工编号	姓名	身份证号	性别
3	0124001	李小凡	430524198503214569	男
4	0124002	冯平	440524198002184957	男
5	0124003	周亚兰	420524199205204572	女
6	0124004	李素丽	430524197207214574	女
7	0124005	张志国	430524197612201275	男
8	0124006	张峰	360524196908167815	男
9	0124007	陈海	330524198304234527	男
10	0124008	方晓	361524198904082578	女
11	0124009	孙洪丽	431524199001050346	女
12	0124010	李素琴	430521199206123214	女
13	0124011	王亚杰	423514199504231457	男
14	0124012	王志波	110104198412186436	男
15	0124013	李先悦	210102198506184587	女
16	0124014	田汉	564105198202175653	男
17	0124015	曾洁	302561197112207851	男
18	0124016	曹云志	220210199712015694	男
19	0124017	方志国	150450197005074533	男

图 4-9　输入身份证号码

(4) 输入日期型数据。选中 E3 至 E19 单元格区域，单击右键，在弹出的快捷菜单中选择【单元格格式】，打开【设置单元格格式】对话框，在【数字】选项卡中选择【日期】，选择合适的日期类型，然后在单元格中依次输入日期。年月日之间可以用“-”或“/”分隔，如“1985-03-12”或者“1985/03/12”，如果出现“#####”，表示列宽不够，鼠标指针移动到 D 列边界，拖动鼠标调整列宽，然后完成所有出生年月的输入，如图 4-10 所示。

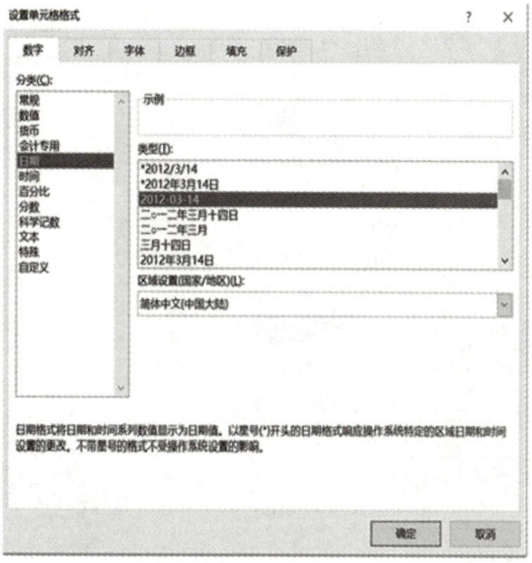

	A	B	C	D	E
1	员工信息表				
2	员工编号	姓名	身份证号	性别	出生年月
3	0124001	李小凡	430524198503214569	男	1985-03-12
4	0124002	冯平	440524198002184957	男	1980-02-18
5	0124003	周亚兰	420524199205204572	女	1992-05-20
6	0124004	李素丽	430524197207214574	女	1972-07-21
7	0124005	张志国	430524197612201275	男	1976-12-20
8	0124006	张峰	360524196908167815	男	1969-08-16
9	0124007	陈海	330524198304234527	男	1983-04-23
10	0124008	方晓	361524198904082578	女	1989-04-08
11	0124009	孙洪丽	431524199001050346	女	1990-01-05
12	0124010	李素琴	430521199206123214	女	1992-06-12
13	0124011	王亚杰	423514199504231457	男	1995-04-23
14	0124012	王志波	110104198412186436	男	1984-12-18
15	0124013	李先悦	210102198506184587	女	1985-06-18
16	0124014	田汉	564105198202175653	男	1982-02-17
17	0124015	曾洁	302561197112207851	男	1971-12-20
18	0124016	曹云志	220210199712015694	男	1997-12-01
19	0124017	方志国	150450197005074533	男	1970-05-07

图 4-10　输入日期型数据

(5) 输入货币型数据。选中 F3 至 F19 单元格区域，单击右键，在弹出的快捷菜单中选择【单元格格式】，打开【设置单元格格式】对话框，在【数字】选项卡中选择【货币】，设置【货币符号】和【小数位数】，然后输入基本工资数据，如图 4-11 所示。

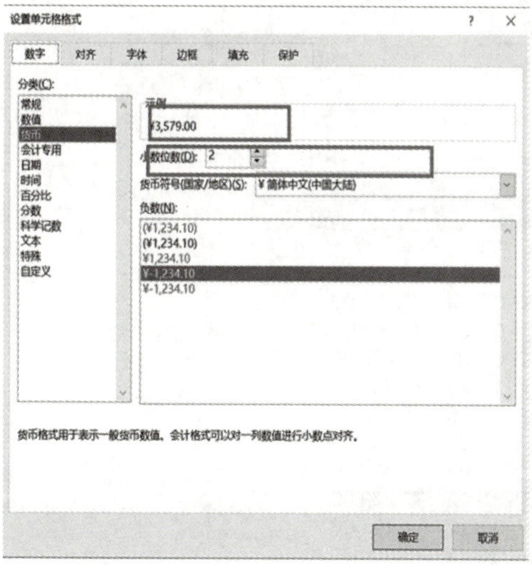

	A	B	C	D	E	F
1	员工信息表					
2	员工编号	姓名	身份证号	性别	出生年月	基本工资
3	0124001	李小凡	930524198503214569	男	1985-03-12	¥3,579.00
4	0124002	冯平	940524198002184957	男	1980-02-18	¥2,083.00
5	0124003	周亚兰	920524199205204572	女	1992-05-20	¥1,183.00
6	0124004	李素丽	930524197207214574	女	1972-07-21	¥1,260.00
7	0124005	张志国	930524197612201275	男	1976-12-20	¥4,732.00
8	0124006	张峰	960524196908167815	男	1969-08-16	¥5,688.00
9	0124007	陈海	930524198304234527	男	1983-04-23	¥5,880.00
10	0124008	方晓	961524198904082578	女	1989-04-08	¥1,318.00
11	0124009	孙洪丽	931524199001050346	女	1990-01-05	¥2,273.00
12	0124010	李素琴	930521199206123214	女	1992-06-12	¥4,191.00
13	0124011	王亚杰	923514199504231457	男	1995-04-23	¥3,800.00
14	0124012	王志波	910104198412186436	男	1984-12-18	¥5,199.00
15	0124013	李先悦	910102198506184587	女	1985-06-18	¥4,143.00
16	0124014	田汉	964105198202175653	男	1982-02-17	¥2,991.00
17	0124015	曾洁	902561197112207851	男	1971-12-20	¥3,423.00
18	0124016	曹云志	920210199712015694	男	1997-12-01	¥2,411.00
19	0124017	方志国	950450197005074533	男	1970-05-07	¥4,580.00

图 4-11　输入货币型数据

3. 表格的编辑与美化

在员工信息表中输入完数据后，对表格进行美化，包括合并单元格、设置表格行高和列宽、设置边框和底纹、设置条件格式，如图 4-12 所示。

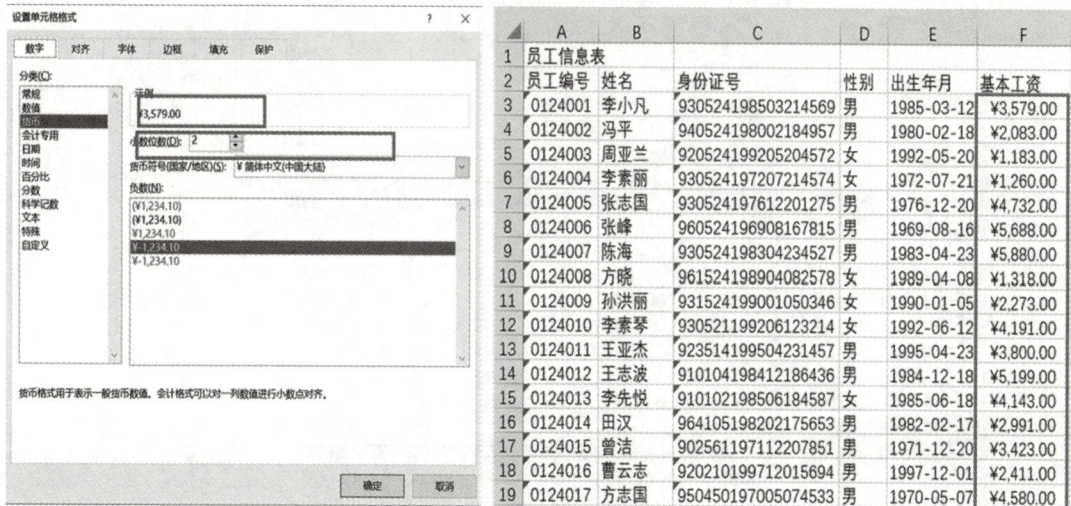

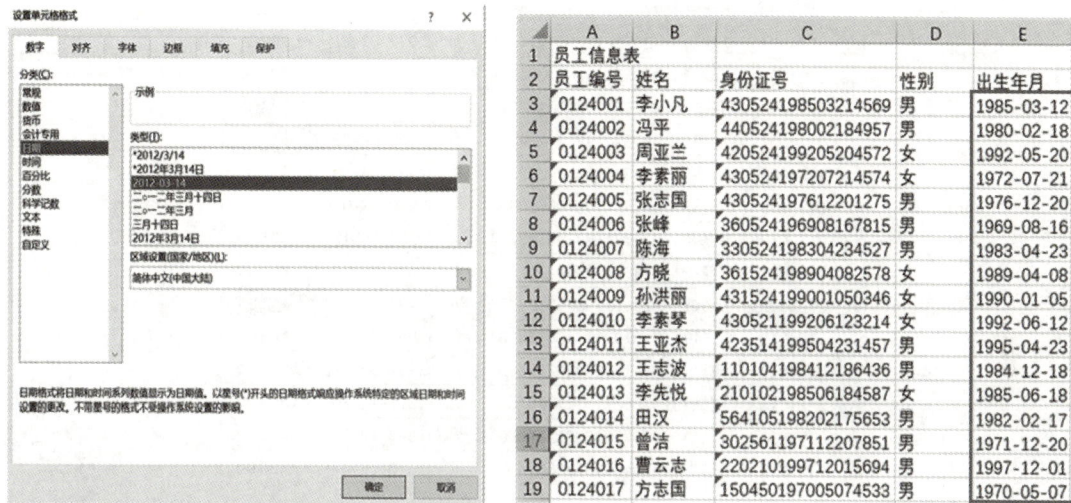

	A	B	C	D	E	F
1	员工信息表					
2	员工编号	姓名	身份证号	性别	出生年月	基本工资
3	0124001	李小凡	930524198503214569	男	1985-03-12	¥3,579.00
4	0124002	冯平	940524198002184957	男	1980-02-18	¥2,083.00
5	0124003	周亚兰	920524199205204572	女	1992-05-20	¥1,183.00
6	0124004	李素丽	930524197207214574	女	1972-07-21	¥1,260.00
7	0124005	张志国	930524197612201275	男	1976-12-20	¥4,732.00
8	0124006	张峰	960524196908167815	男	1969-08-16	¥5,688.00
9	0124007	陈海	930524198304234527	男	1983-04-23	¥5,880.00
10	0124008	方晓	961524198904082578	女	1989-04-08	¥1,318.00
11	0124009	孙洪丽	931524199001050346	女	1990-01-05	¥2,273.00
12	0124010	李素琴	930521199206123214	女	1992-06-12	¥4,191.00
13	0124011	王亚杰	923514199504231457	男	1995-04-23	¥3,800.00
14	0124012	王志波	910104198412186436	男	1984-12-18	¥5,199.00
15	0124013	李先悦	910102198506184587	女	1985-06-18	¥4,143.00
16	0124014	田汉	964105198202175653	男	1982-02-17	¥2,991.00
17	0124015	曾洁	902561197112207851	男	1971-12-20	¥3,423.00
18	0124016	曹云志	920210199712015694	男	1997-12-01	¥2,411.00
19	0124017	方志国	950450197005074533	男	1970-05-07	¥4,580.00

图 4-12　表格美化样表

(1) 合并单元格。单击 A1 单元格，按住鼠标左键向右拖动至 F1 单元格，即选中 A1:F1 区域，单击【开始】选项卡中【对齐方式】组中的【合并后居中】，如图 4-13 所示。

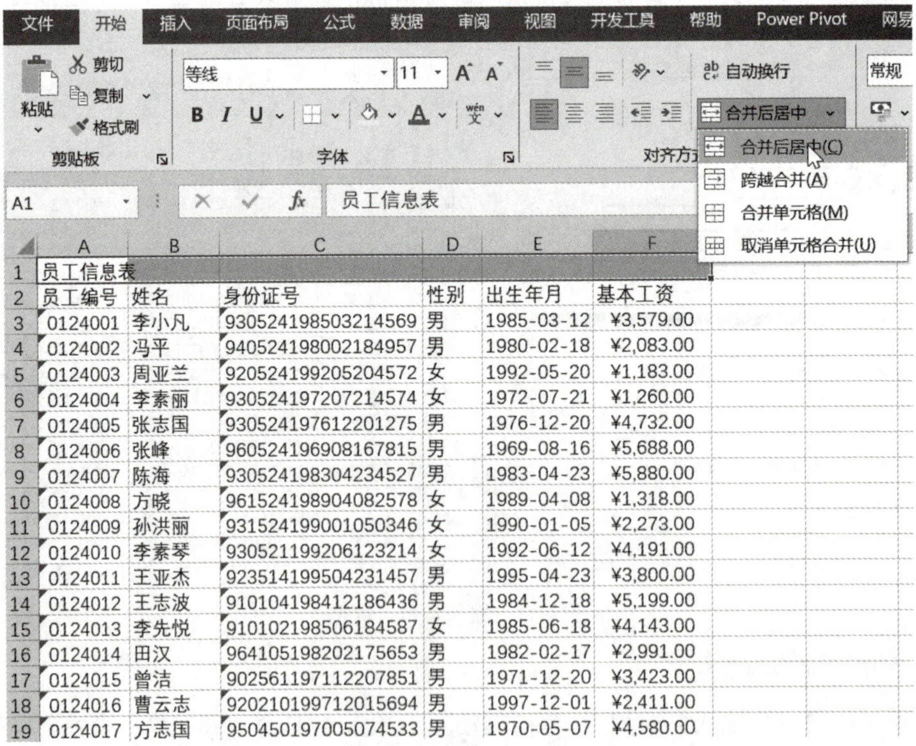

图 4-13　合并单元格操作

合并后的效果如图 4-14 所示。

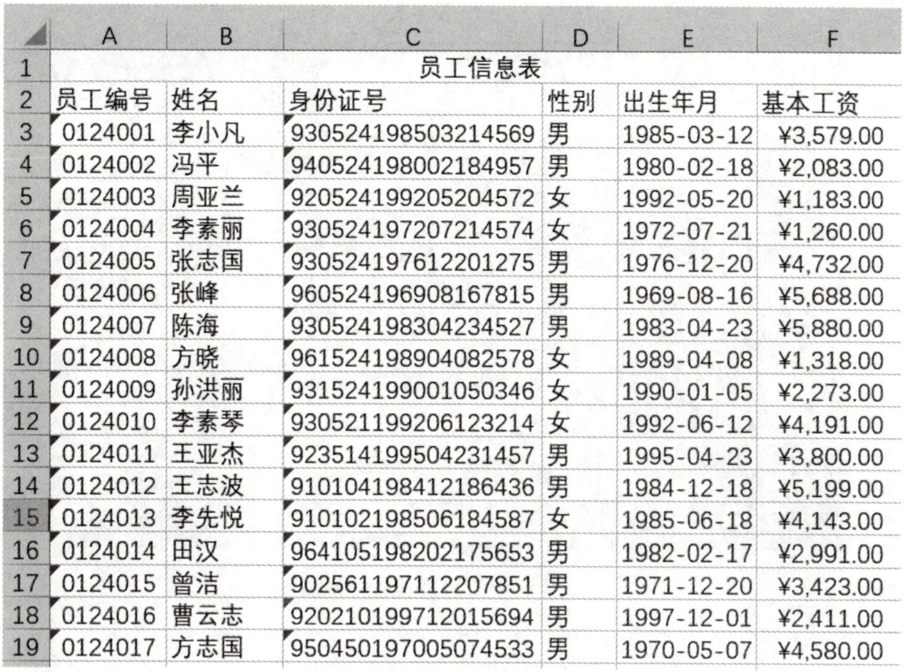

	A	B	C	D	E	F
1	员工信息表					
2	员工编号	姓名	身份证号	性别	出生年月	基本工资
3	0124001	李小凡	930524198503214569	男	1985-03-12	¥3,579.00
4	0124002	冯平	940524198002184957	男	1980-02-18	¥2,083.00
5	0124003	周亚兰	920524199205204572	女	1992-05-20	¥1,183.00
6	0124004	李素丽	930524197207214574	女	1972-07-21	¥1,260.00
7	0124005	张志国	930524197612201275	男	1976-12-20	¥4,732.00
8	0124006	张峰	960524196908167815	男	1969-08-16	¥5,688.00
9	0124007	陈海	930524198304234527	男	1983-04-23	¥5,880.00
10	0124008	方晓	961524198904082578	女	1989-04-08	¥1,318.00
11	0124009	孙洪丽	931524199001050346	女	1990-01-05	¥2,273.00
12	0124010	李素琴	930521199206123214	女	1992-06-12	¥4,191.00
13	0124011	王亚杰	923514199504231457	男	1995-04-23	¥3,800.00
14	0124012	王志波	910104198412186436	男	1984-12-18	¥5,199.00
15	0124013	李先悦	910102198506184587	女	1985-06-18	¥4,143.00
16	0124014	田汉	964105198202175653	男	1982-02-17	¥2,991.00
17	0124015	曾洁	902561197112207851	男	1971-12-20	¥3,423.00
18	0124016	曹云志	920210199712015694	男	1997-12-01	¥2,411.00
19	0124017	方志国	950450197005074533	男	1970-05-07	¥4,580.00

图 4-14 合并后效果

(2) 设置行高。单击行号 1，选中行号 1 整行，单击右键，在弹出的快捷菜单中选择【行高】，在【行高】对话框中输入 30，单击【确定】，如图 4-15 所示。

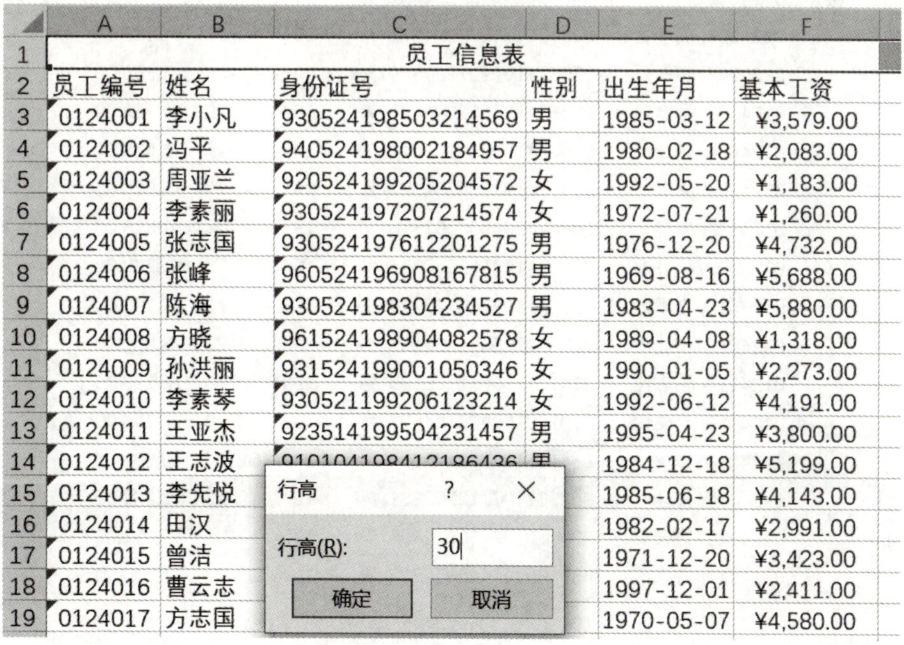

	A	B	C	D	E	F
1	员工信息表					
2	员工编号	姓名	身份证号	性别	出生年月	基本工资
3	0124001	李小凡	930524198503214569	男	1985-03-12	¥3,579.00
4	0124002	冯平	940524198002184957	男	1980-02-18	¥2,083.00
5	0124003	周亚兰	920524199205204572	女	1992-05-20	¥1,183.00
6	0124004	李素丽	930524197207214574	女	1972-07-21	¥1,260.00
7	0124005	张志国	930524197612201275	男	1976-12-20	¥4,732.00
8	0124006	张峰	960524196908167815	男	1969-08-16	¥5,688.00
9	0124007	陈海	930524198304234527	男	1983-04-23	¥5,880.00
10	0124008	方晓	961524198904082578	女	1989-04-08	¥1,318.00
11	0124009	孙洪丽	931524199001050346	女	1990-01-05	¥2,273.00
12	0124010	李素琴	930521199206123214	女	1992-06-12	¥4,191.00
13	0124011	王亚杰	923514199504231457	男	1995-04-23	¥3,800.00
14	0124012	王志波			1984-12-18	¥5,199.00
15	0124013	李先悦			1985-06-18	¥4,143.00
16	0124014	田汉			1982-02-17	¥2,991.00
17	0124015	曾洁			1971-12-20	¥3,423.00
18	0124016	曹云志			1997-12-01	¥2,411.00
19	0124017	方志国			1970-05-07	¥4,580.00

图 4-15 设置标题行行高

同理，选中行号 2 并向下拖动至 19 行，设置【行高】为 20，如图 4-16 和图 4-17 所示。

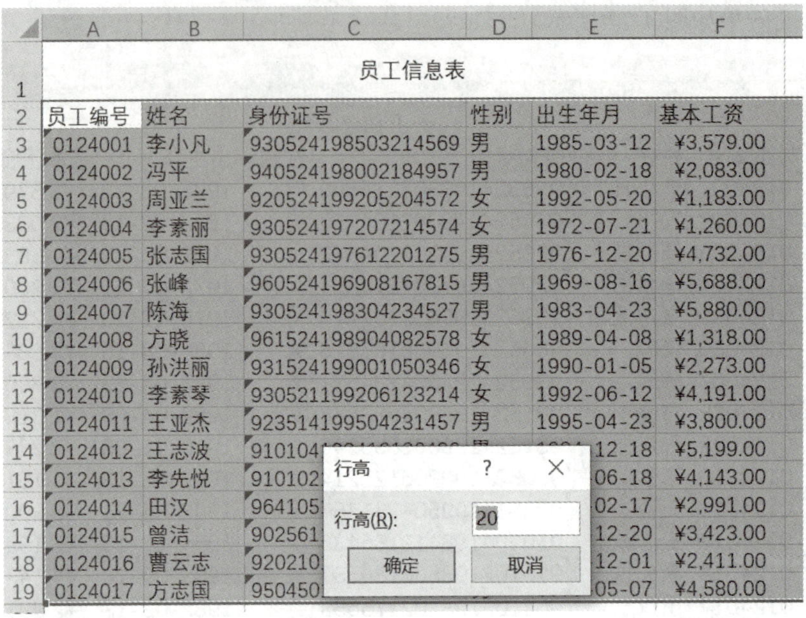

	A	B	C	D	E	F
1	员工信息表					
2	员工编号	姓名	身份证号	性别	出生年月	基本工资
3	0124001	李小凡	930524198503214569	男	1985-03-12	¥3,579.00
4	0124002	冯平	940524198002184957	男	1980-02-18	¥2,083.00
5	0124003	周亚兰	920524199205204572	女	1992-05-20	¥1,183.00
6	0124004	李素丽	930524197207214574	女	1972-07-21	¥1,260.00
7	0124005	张志国	930524197612201275	男	1976-12-20	¥4,732.00
8	0124006	张峰	960524196908167815	男	1969-08-16	¥5,688.00
9	0124007	陈海	930524198304234527	男	1983-04-23	¥5,880.00
10	0124008	方晓	961524198904082578	女	1989-04-08	¥1,318.00
11	0124009	孙洪丽	931524199001050346	女	1990-01-05	¥2,273.00
12	0124010	李素琴	930521199206123214	女	1992-06-12	¥4,191.00
13	0124011	王亚杰	923514199504231457	男	1995-04-23	¥3,800.00
14	0124012	王志波	910104		12-18	¥5,199.00
15	0124013	李先悦	910102		06-18	¥4,143.00
16	0124014	田汉	964105		02-17	¥2,991.00
17	0124015	曾洁	902561		12-20	¥3,423.00
18	0124016	曹云志	920210		12-01	¥2,411.00
19	0124017	方志国	950450		05-07	¥4,580.00

图 4-16　设置其他行行高

	A	B	C	D	E	F
1	员工信息表					
2	员工编号	姓名	身份证号	性别	出生年月	基本工资
3	0124001	李小凡	930524198503214569	男	1985-03-12	¥3,579.00
4	0124002	冯平	940524198002184957	男	1980-02-18	¥2,083.00
5	0124003	周亚兰	920524199205204572	女	1992-05-20	¥1,183.00
6	0124004	李素丽	930524197207214574	女	1972-07-21	¥1,260.00
7	0124005	张志国	930524197612201275	男	1976-12-20	¥4,732.00
8	0124006	张峰	960524196908167815	男	1969-08-16	¥5,688.00
9	0124007	陈海	930524198304234527	男	1983-04-23	¥5,880.00
10	0124008	方晓	961524198904082578	女	1989-04-08	¥1,318.00
11	0124009	孙洪丽	931524199001050346	女	1990-01-05	¥2,273.00
12	0124010	李素琴	930521199206123214	女	1992-06-12	¥4,191.00
13	0124011	王亚杰	923514199504231457	男	1995-04-23	¥3,800.00
14	0124012	王志波	910104198412186436	男	1984-12-18	¥5,199.00
15	0124013	李先悦	910102198506184587	女	1985-06-18	¥4,143.00
16	0124014	田汉	964105198202175653	男	1982-02-17	¥2,991.00
17	0124015	曾洁	902561197112207851	男	1971-12-20	¥3,423.00
18	0124016	曹云志	920210199712015694	男	1997-12-01	¥2,411.00
19	0124017	方志国	950450197005074533	男	1970-05-07	¥4,580.00

图 4-17　行高设置完效果

(3) 设置单元格对齐方式。选中 A2:F19 区域，单击【开始】选项卡中【对齐方式】组中的水平【居中】和【垂直居中】，如图 4-18 所示。

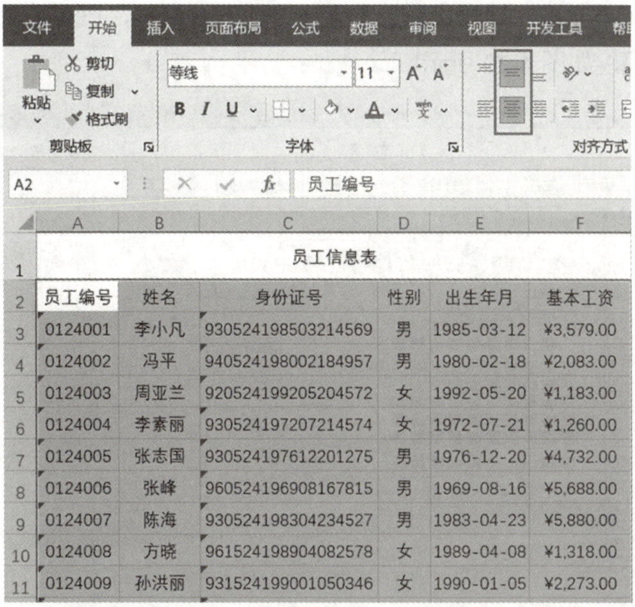

图 4-18　设置单元格对齐方式

(4) 设置边框和底纹。选择 A1:F19 区域，单击右键，在弹出的快捷菜单中选择【单元格格式】，打开【设置单元格格式】对话框，在【边框】选项卡中选择线型、边框颜色、边框样式等并预览效果，单击【确定】，如图 4-19 所示。

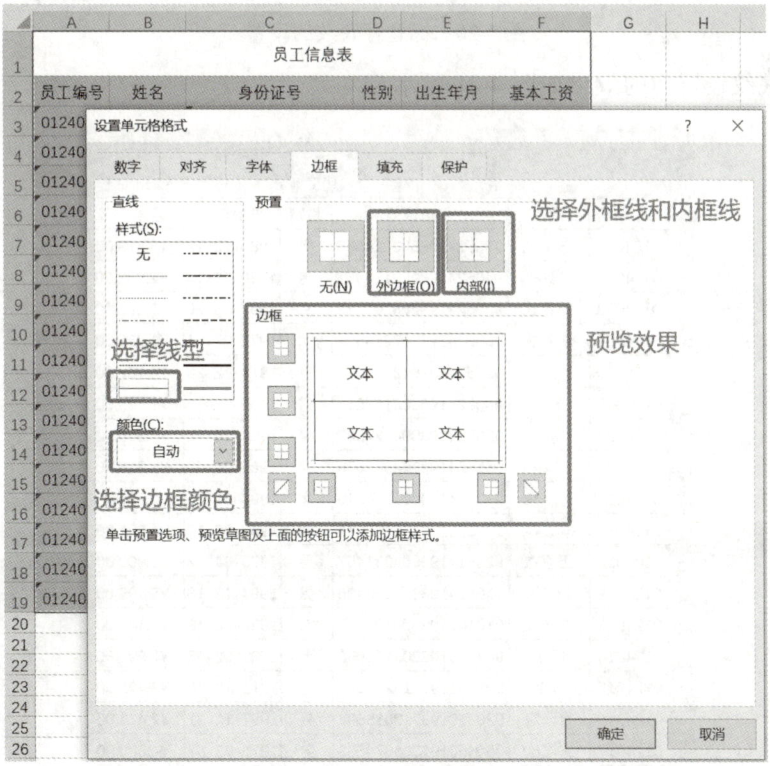

图 4-19　边框的设置

同理，选择 A1 单元格，打开【设置单元格格式】对话框，在【填充】选项卡中，选择橙色，单击【确定】，如图 4-20 所示。

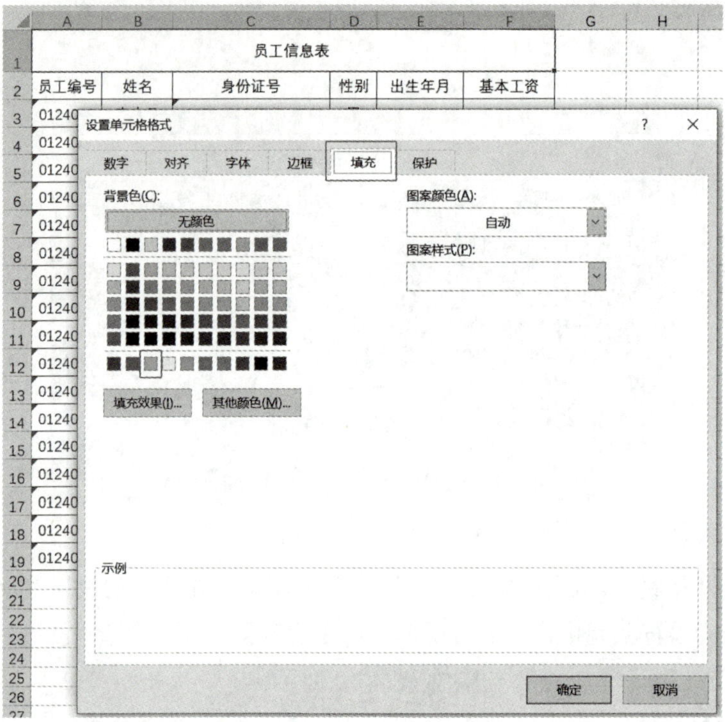

图 4-20 标题行底纹的设置

边框和底纹设置后的效果如图 4-21 所示。

员工信息表					
员工编号	姓名	身份证号	性别	出生年月	基本工资
0124001	李小凡	930524198503214569	男	1985-03-12	¥3,579.00
0124002	冯平	940524198002184957	男	1980-02-18	¥2,083.00
0124003	周亚兰	920524199205204572	女	1992-05-20	¥1,183.00
0124004	李素丽	930524197207214574	女	1972-07-21	¥1,260.00
0124005	张志国	930524197612201275	男	1976-12-20	¥4,732.00
0124006	张峰	960524196908167815	男	1969-08-16	¥5,688.00
0124007	陈海	930524198304234527	男	1983-04-23	¥5,880.00
0124008	方晓	961524198904082578	女	1989-04-08	¥1,318.00
0124009	孙洪丽	931524199001050346	女	1990-01-05	¥2,273.00
0124010	李素琴	930521199206123214	女	1992-06-12	¥4,191.00
0124011	王亚杰	923514199504231457	男	1995-04-23	¥3,800.00
0124012	王志波	910104198412186436	男	1984-12-18	¥5,199.00
0124013	李先悦	910102198506184587	女	1985-06-18	¥4,143.00
0124014	田汉	964105198202175653	男	1982-02-17	¥2,991.00
0124015	曾洁	902561197112207851	男	1971-12-20	¥3,423.00
0124016	曹云志	920210199712015694	男	1997-12-01	¥2,411.00
0124017	方志国	950450197005074533	男	1970-05-07	¥4,580.00

图 4-21 边框和底纹设置后的效果

(5) 设置条件格式。将基本工资大于或等于 5000 的单元格设置格式为红色字体、加粗、绿色底纹。选中 F3:F19 单元格区域，单击【开始】选项卡中【样式】组中的【条件格式】，在下拉列表中选择【突出显示单元格规则】，在下拉菜单中选择【其他规则】，如图 4-12 所示。

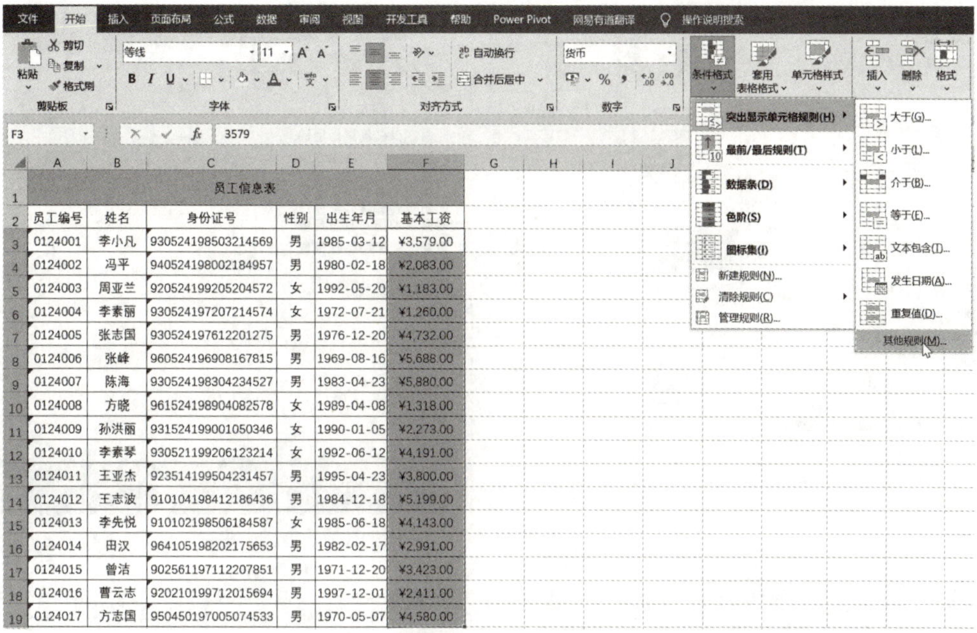

图 4-22　条件格式设置

在打开的【新建格式规则】对话框中选择【只为包含以下内容的单元格设置格式】，选择条件【大于或等于】，输入【5000】，单击【格式】，如图 4-23 所示。

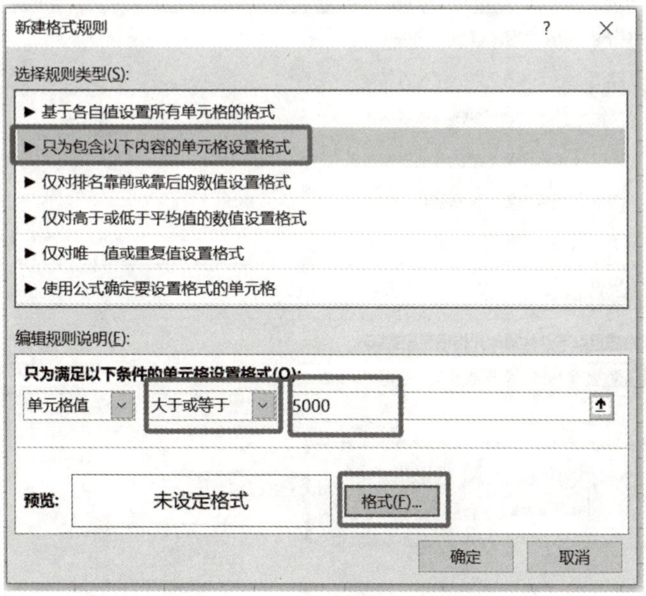

图 4-23　输入条件格式的条件

在弹出的【格式】对话框中，单击【字体】选项卡，【字形】选择加粗，【颜色】选择红色，在【填充】选项卡中，【背景色】选择绿色，单击【确定】，可以在预览处看到格式效果，如图 4-24 和图 4-25 所示，单击【确定】，完成条件格式设置，最终效果如图 4-26 所示。

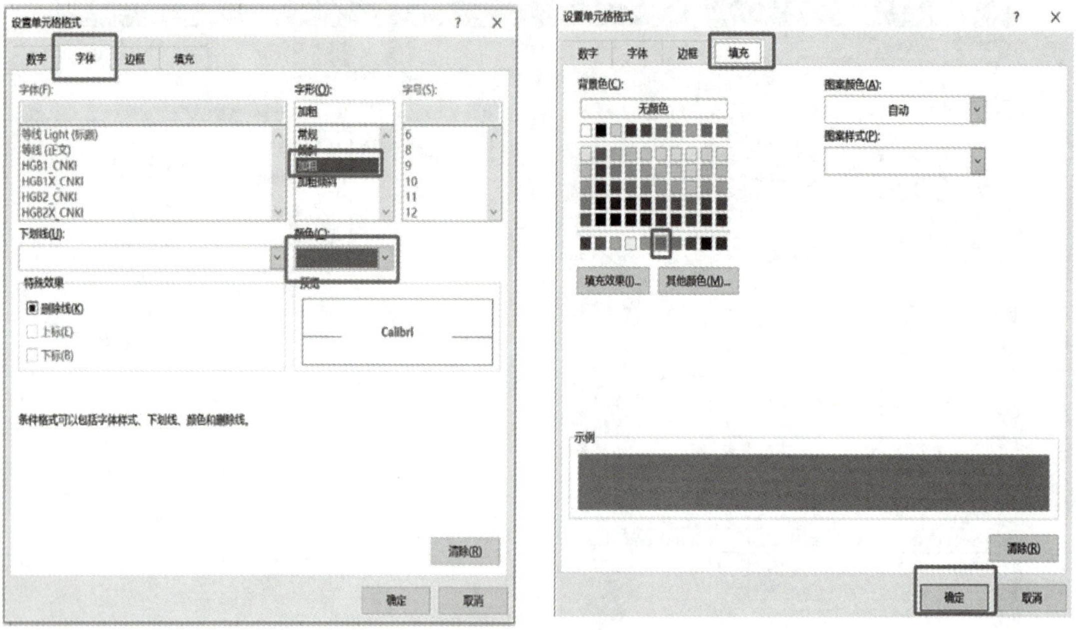

图 4-24　格式的设置

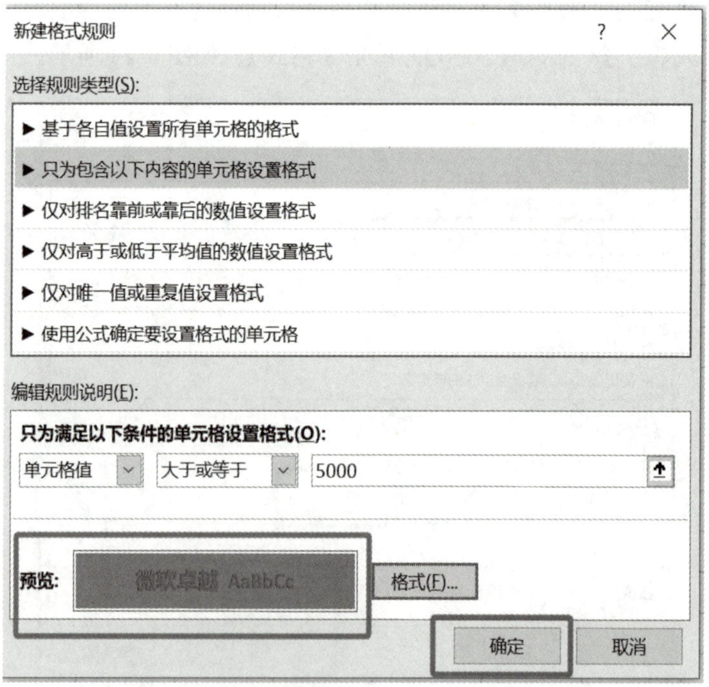

图 4-25　预览效果

	A	B	C	D	E	F
1	员工信息表					
2	员工编号	姓名	身份证号	性别	出生年月	基本工资
3	0124001	李小凡	930524198503214569	男	1985-03-12	¥3,579.00
4	0124002	冯平	940524198002184957	男	1980-02-18	¥2,083.00
5	0124003	周亚兰	920524199205204572	女	1992-05-20	¥1,183.00
6	0124004	李素丽	930524197207214574	女	1972-07-21	¥1,260.00
7	0124005	张志国	930524197612201275	男	1976-12-20	¥4,732.00
8	0124006	张峰	960524196908167815	男	1969-08-16	¥5,688.00
9	0124007	陈海	930524198304234527	男	1983-04-23	¥5,880.00
10	0124008	方晓	961524198904082578	女	1989-04-08	¥1,318.00
11	0124009	孙洪丽	931524199001050346	女	1990-01-05	¥2,273.00
12	0124010	李素琴	930521199206123214	女	1992-06-12	¥4,191.00
13	0124011	王亚杰	923514199504231457	男	1995-04-23	¥3,800.00
14	0124012	王志波	910104198412186436	男	1984-12-18	¥5,199.00
15	0124013	李先悦	910102198506184587	女	1985-06-18	¥4,143.00
16	0124014	田汉	964105198202175653	男	1982-02-17	¥2,991.00
17	0124015	曾洁	902561197112207851	男	1971-12-20	¥3,423.00
18	0124016	曹云志	920210199712015694	男	1997-12-01	¥2,411.00
19	0124017	方志国	950450197005074533	男	1970-05-07	¥4,580.00

图 4-26　最终效果

对文档进行保存，确保文档始终保持最新且完整的状态。

实践二　销售业绩表的计算

【实践目的】

(1) 掌握 Excel 2016 公式的使用方法。

(2) 掌握 Excel 2016 相对地址和绝对地址的使用方法。

(3) 掌握 Excel 2016 常用函数的使用方法。

【实践内容及步骤】

打开实践素材“销售业绩表 .xlsx”，完成销售总金额、平均值、最大值、最小值、排名等相关计算。具体操作步骤如下：

(1) 计算个人年度销售总金额。选中 H3 单元格，单击【公式】选项卡中【函数库】组中的【自动求和】，在下拉列表中选择【求和】，如图 4-27 所示。

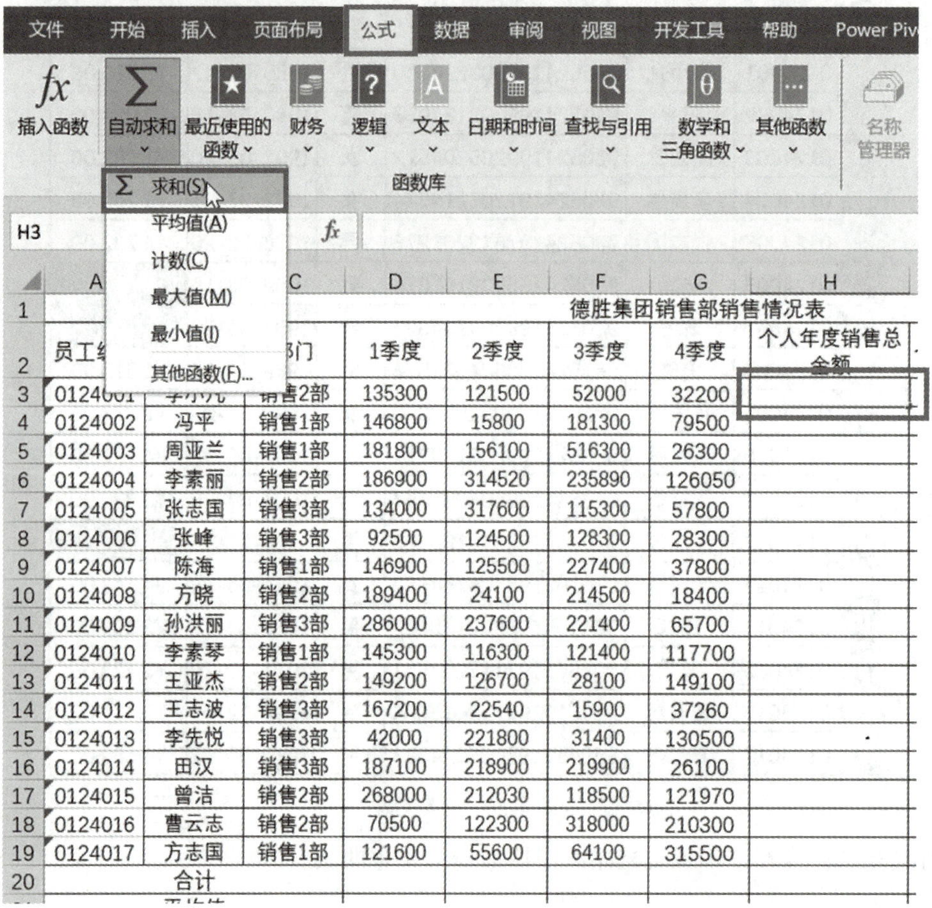

图 4-27 利用“自动求和”计算个人年度销售总额

编辑栏和 H3 单元格自动显示公式，如图 4-28 所示。检查计算区域是否正确，若不正确，则用鼠标重新框选计算区域；若正确，则按【Enter】键或单击编辑栏中的【√】。

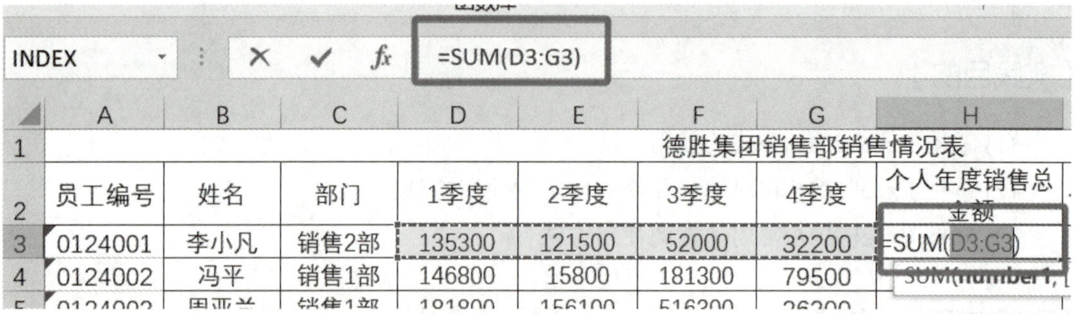

图 4-28 确认计算区域

显示计算结果后拖动 H3 单元格的填充柄至 H19，计算出所有员工年度销售总金额，如图 4-29 所示。

	A	B	C	D	E	F	G	H
1					德胜集团销售部销售情况表			
2	员工编号	姓名	部门	1季度	2季度	3季度	4季度	个人年度销售总金额
3	0124001	李小凡	销售2部	135300	121500	52000	32200	341000
4	0124002	冯平	销售1部	146800	15800	181300	79500	423400
5	0124003	周亚兰	销售1部	181800	156100	516300	26300	880500
6	0124004	李素丽	销售2部	186900	314520	235890	126050	863360
7	0124005	张志国	销售3部	134000	317600	115300	57800	624700
8	0124006	张峰	销售3部	92500	124500	128300	28300	373600
9	0124007	陈海	销售1部	146900	125500	227400	37800	537600
10	0124008	方晓	销售2部	189400	24100	214500	18400	446400
11	0124009	孙洪丽	销售3部	286000	237600	221400	65700	810700
12	0124010	李素琴	销售1部	145300	116300	121400	117700	500700
13	0124011	王亚杰	销售2部	149200	126700	28100	149100	453100
14	0124012	王志波	销售3部	167200	22540	15900	37260	242900
15	0124013	李先悦	销售3部	42000	221800	31400	130500	425700
16	0124014	田汉	销售3部	187100	218900	219900	26100	652000
17	0124015	曾洁	销售2部	268000	212030	118500	121970	720500
18	0124016	曹云志	销售2部	70500	122300	318000	210300	721100
19	0124017	方志国	销售1部	121600	55600	64100	315500	556800

图 4-29　个人年度销售总金额的计算结果

(2) 计算合计。定位到 D20 单元格，用同样的方法计算 1 季度销售额的合计，向右拖动 D20 单元格的填充柄至 H20，计算其他季度和年度销售额的合计，如图 4-30 所示。

1					德胜集团销售部销售情况表			
2	员工编号	姓名	部门	1季度	2季度	3季度	4季度	个人年度销售总金额
3	0124001	李小凡	销售2部	135300	121500	52000	32200	341000
4	0124002	冯平	销售1部	146800	15800	181300	79500	423400
5	0124003	周亚兰	销售1部	181800	156100	516300	26300	880500
6	0124004	李素丽	销售2部	186900	314520	235890	126050	863360
7	0124005	张志国	销售3部	134000	317600	115300	57800	624700
8	0124006	张峰	销售3部	92500	124500	128300	28300	373600
9	0124007	陈海	销售1部	146900	125500	227400	37800	537600
10	0124008	方晓	销售2部	189400	24100	214500	18400	446400
11	0124009	孙洪丽	销售3部	286000	237600	221400	65700	810700
12	0124010	李素琴	销售1部	145300	116300	121400	117700	500700
13	0124011	王亚杰	销售2部	149200	126700	28100	149100	453100
14	0124012	王志波	销售3部	167200	22540	15900	37260	242900
15	0124013	李先悦	销售3部	42000	221800	31400	130500	425700
16	0124014	田汉	销售3部	187100	218900	219900	26100	652000
17	0124015	曾洁	销售2部	268000	212030	118500	121970	720500
18	0124016	曹云志	销售2部	70500	122300	318000	210300	721100
19	0124017	方志国	销售1部	121600	55600	64100	315500	556800
20		合计		2650500	2533390	2809690	1580480	9574060

图 4-30　完成合计计算

(3) 计算平均值。定位到 D21 单元格，单击【公式】选项卡中【函数库】组中的【自动求和】，在下拉列表中选择【平均值】，D21 单元格和编辑栏中自动显示计算公式。检查计算区域是否有误，若有误重新框选计算区域 D3:D19，按【Enter】键或单击编辑栏中的【√】，如图 4-31 所示。

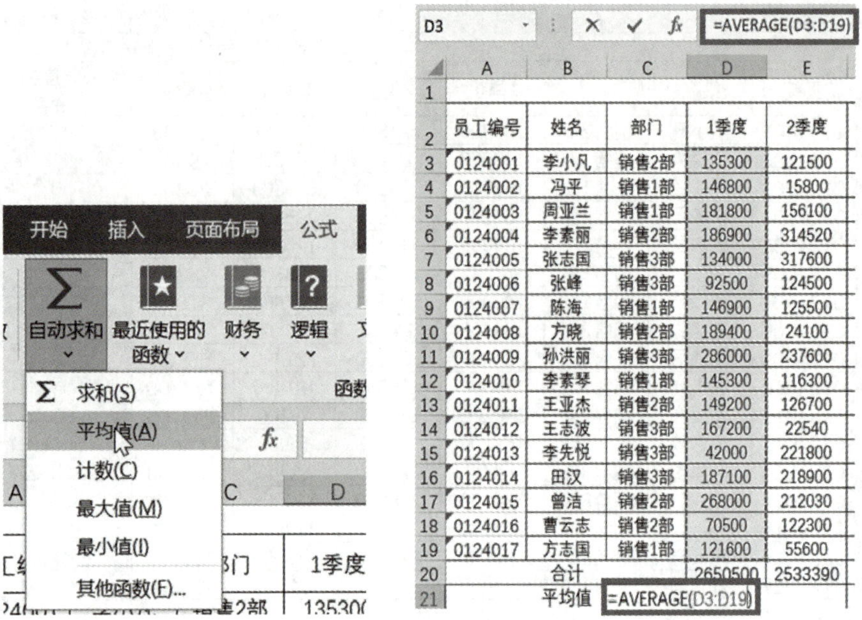

图 4-31　利用“自动求和”计算平均值

向右拖动 D21 单元格的填充柄至 H21，计算其他季度和个人年度销售总金额的平均值，如图 4-32 所示。

	A	B	C	D	E	F	G	H
1	德胜集团销售部销售情况表							
2	员工编号	姓名	部门	1季度	2季度	3季度	4季度	个人年度销售总金额
3	0124001	李小凡	销售2部	135300	121500	52000	32200	341000
4	0124002	冯平	销售1部	146800	15800	181300	79500	423400
5	0124003	周亚兰	销售1部	181800	156100	516300	26300	880500
6	0124004	李素丽	销售2部	186900	314520	235890	126050	863360
7	0124005	张志国	销售3部	134000	317600	115300	57800	624700
8	0124006	张峰	销售3部	92500	124500	128300	28300	373600
9	0124007	陈海	销售1部	146900	125500	227400	37800	537600
10	0124008	方晓	销售2部	189400	24100	214500	18400	446400
11	0124009	孙洪丽	销售3部	286000	237600	221400	65700	810700
12	0124010	李素琴	销售1部	145300	116300	121400	117700	500700
13	0124011	王亚杰	销售2部	149200	126700	28100	149100	453100
14	0124012	王志波	销售3部	167200	22540	15900	37260	242900
15	0124013	李先悦	销售3部	42000	221800	31400	130500	425700
16	0124014	田汉	销售3部	187100	218900	219900	26100	652000
17	0124015	曾洁	销售2部	268000	212030	118500	121970	720500
18	0124016	曹云志	销售2部	70500	122300	318000	210300	721100
19	0124017	方志国	销售1部	121600	55600	64100	315500	556800
20		合计		2650500	2533390	2809690	1580480	9574060
21		平均值		155911.8	149022.9	165275.9	92969.41	563180

图 4-32　完成平均值的计算

(4) 计算最大值和最小值。定位到 D22 单元格，用同样的方法计算 1 季度销售额的最大值，注意检查确保计算区域为 D3:D19，如图 4-33 所示。

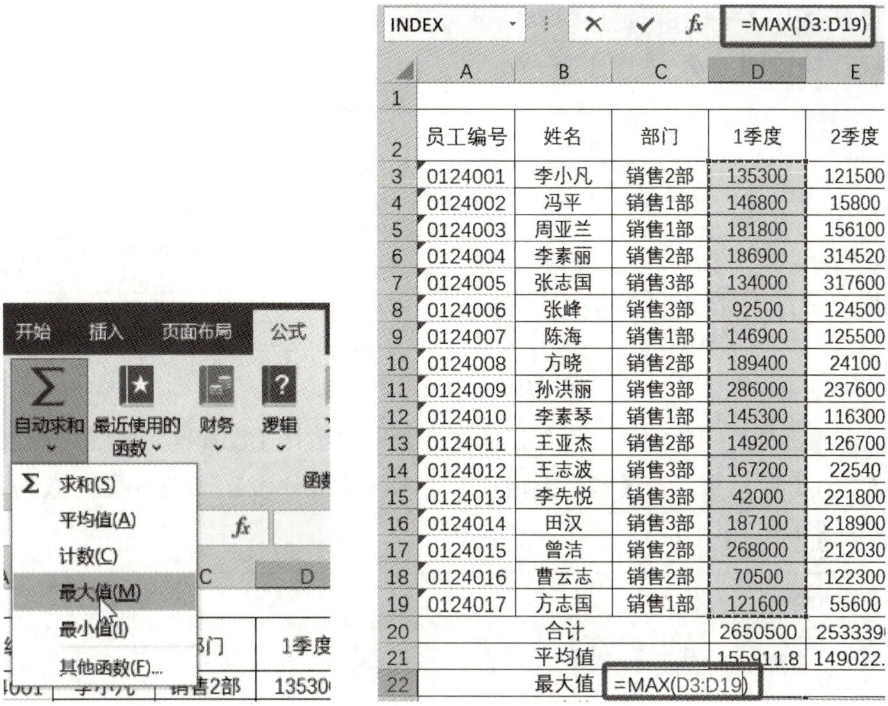

图 4-33　利用“自动求和”计算最大值

向右拖动 D22 单元格的填充柄至 H22，计算其他季度和个人年度销售总金额的最大值。使用同样的方法计算最小值。最大值和最小值的计算结果如图 4-34 所示。

1				德胜集团销售部销售情况表				
2	员工编号	姓名	部门	1季度	2季度	3季度	4季度	个人年度销售总金额
3	0124001	李小凡	销售2部	135300	121500	52000	32200	341000
4	0124002	冯平	销售1部	146800	15800	181300	79500	423400
5	0124003	周亚兰	销售1部	181800	156100	516300	26300	880500
6	0124004	李素丽	销售2部	186900	314520	235890	126050	863360
7	0124005	张志国	销售3部	134000	317600	115300	57800	624700
8	0124006	张峰	销售3部	92500	124500	128300	28300	373600
9	0124007	陈海	销售1部	146900	125500	227400	37800	537600
10	0124008	方晓	销售2部	189400	24100	214500	18400	446400
11	0124009	孙洪丽	销售3部	286000	237600	221400	65700	810700
12	0124010	李素琴	销售1部	145300	116300	121400	117700	500700
13	0124011	王亚杰	销售2部	149200	126700	28100	149100	453100
14	0124012	王志波	销售3部	167200	22540	15900	37260	242900
15	0124013	李先悦	销售3部	42000	221800	31400	130500	425700
16	0124014	田汉	销售3部	187100	218900	219900	26100	652000
17	0124015	曾洁	销售2部	268000	212030	118500	121970	720500
18	0124016	曹云志	销售2部	70500	122300	318000	210300	721100
19	0124017	方志国	销售1部	121600	55600	64100	315500	556800
20		合计		2650500	2533390	2809690	1580480	9574060
21		平均值		155911.8	149022.9	165275.9	92969.41	563180
22		最大值		286000	317600	516300	315500	880500
23		最小值		42000	15800	15900	18400	242900

图 4-34　完成最大值和最小值的计算

(5) 计算个人销售占比。定位到 D22 单元格，输入公式“=H3/H20”，按【Enter】键或单击编辑栏中的【√】，如图 4-35 所示。

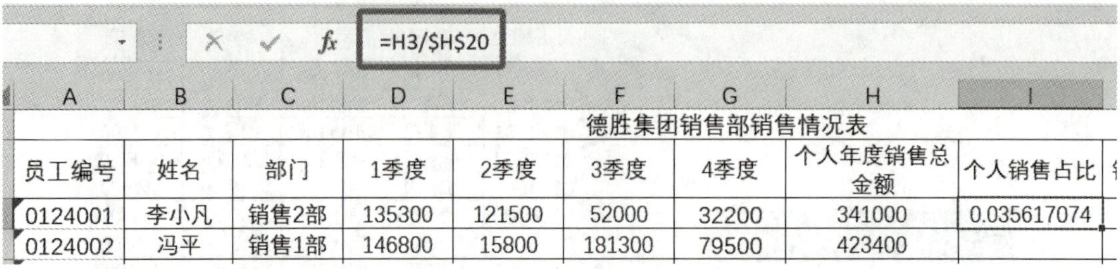

图 4-35　计算个人销售占比

选中 I3 单元格，单击右击，在弹出的快捷菜单中选择【设置单元格格式】，打开【设置单元格格式】对话框，在【数字】选项卡中选择【百分比】，设置小数位数为 2，单击【确定】，如图 4-36 所示。

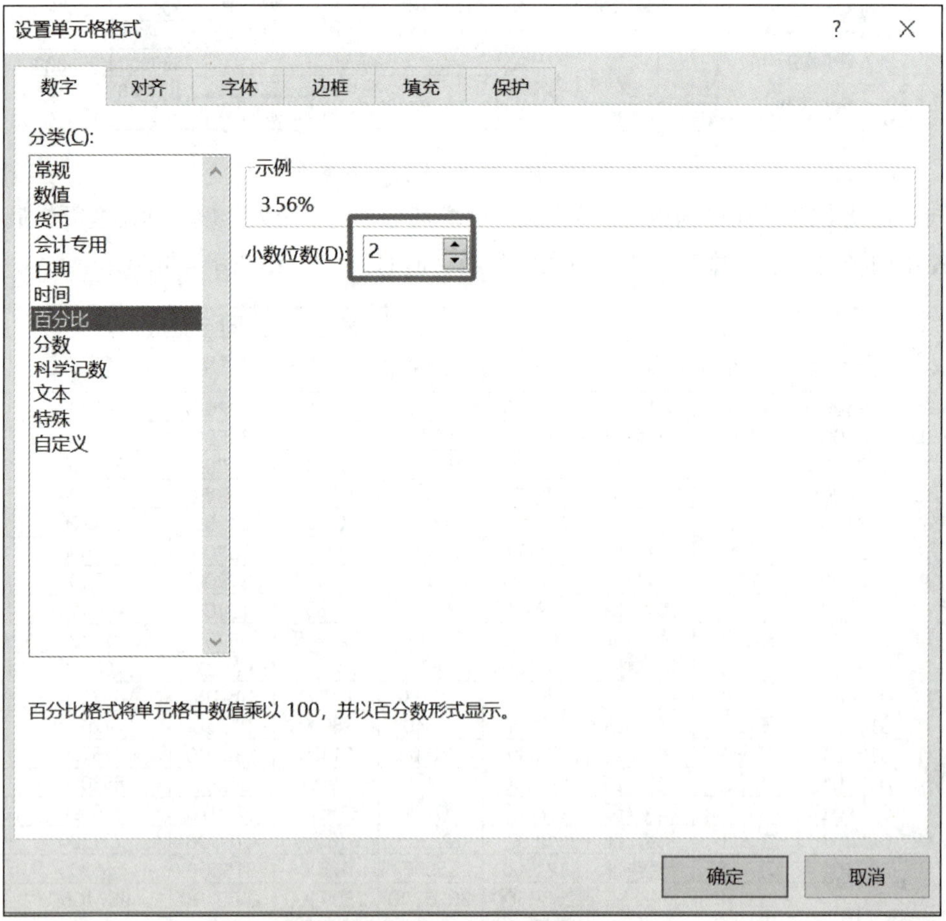

图 4-36　设置百分比格式

选中 I3 单元格，拖动填充柄至 I20 单元格，完成其他单元格的计算，计算结果如图 4-37 所示。

德胜集团销售部销售情况表								
员工编号	姓名	部门	1季度	2季度	3季度	4季度	个人年度销售总金额	个人销售占比
0124001	李小凡	销售2部	135300	121500	52000	32200	341000	3.56%
0124002	冯平	销售1部	146800	15800	181300	79500	423400	4.42%
0124003	周亚兰	销售1部	181800	156100	516300	26300	880500	9.20%
0124004	李素丽	销售2部	186900	314520	235890	126050	863360	9.02%
0124005	张志国	销售3部	134000	317600	115300	57800	624700	6.52%
0124006	张峰	销售3部	92500	124500	128300	28300	373600	3.90%
0124007	陈海	销售1部	146900	125500	227400	37800	537600	5.62%
0124008	方晓	销售2部	189400	24100	214500	18400	446400	4.66%
0124009	孙洪丽	销售3部	286000	237600	221400	65700	810700	8.47%
0124010	李素琴	销售1部	145300	116300	121400	117700	500700	5.23%
0124011	王亚杰	销售2部	149200	126700	28100	149100	453100	4.73%
0124012	王志波	销售3部	167200	22540	15900	37260	242900	2.54%
0124013	李先悦	销售3部	42000	221800	31400	130500	425700	4.45%
0124014	田汉	销售3部	187100	218900	219900	26100	652000	6.81%
0124015	曾洁	销售2部	268000	212030	118500	121970	720500	7.53%
0124016	曹云志	销售2部	70500	122300	318000	210300	721100	7.53%
0124017	方志国	销售1部	121600	55600	64100	315500	556800	5.82%

图 4-37　个人销售占比计算结果

(6) 计算公司销售部总人数。定位到 D26 单元格，单击【公式】选项卡中【函数库】组中的【自动求和】，在下拉列表中选择【计数】，注意检查确保框选计算区域为 D3:D19，按【Enter】键或单击编辑栏中的【√】，如图 4-38 所示。

D3　　=COUNT(D3:D19)

	A	B	C	D	E
1					
2	员工编号	姓名	部门	1季度	2季度
3	0124001	李小凡	销售2部	135300	121500
4	0124002	冯平	销售1部	146800	15800
5	0124003	周亚兰	销售1部	181800	156100
6	0124004	李素丽	销售2部	186900	314520
7	0124005	张志国	销售3部	134000	317600
8	0124006	张峰	销售3部	92500	124500
9	0124007	陈海	销售1部	146900	125500
10	0124008	方晓	销售2部	189400	24100
11	0124009	孙洪丽	销售3部	286000	237600
12	0124010	李素琴	销售1部	145300	116300
13	0124011	王亚杰	销售2部	149200	126700
14	0124012	王志波	销售3部	167200	22540
15	0124013	李先悦	销售3部	42000	221800
16	0124014	田汉	销售3部	187100	218900
17	0124015	曾洁	销售2部	268000	212030
18	0124016	曹云志	销售2部	70500	122300
19	0124017	方志国	销售1部	121600	55600
20		合计		2050500	2533390
21		平均值		155911.8	149022.9
22		最大值		286000	317600
23		最小值		42000	15800
24					
25					
26		公司销售部总人数		=COUNT(D3:D19)	
27		销售1部的人数		COUNT(value1, [valu	

公司销售部总人数	17
销售1部的人数	
年度销售总金额超过80万的人数	
销售1部本年度完成的总销售额	

图 4-38　公司销售部总人数计算结果

(7) 计算销售 1 部的人数。定位到 D27 单元格，单击【公式】选项卡中【函数库】组中的【插入函数】，在弹出的【插入函数】对话框中，选择 COUNTIF(统计) 函数，单击【确定】，如图 4-39 所示。

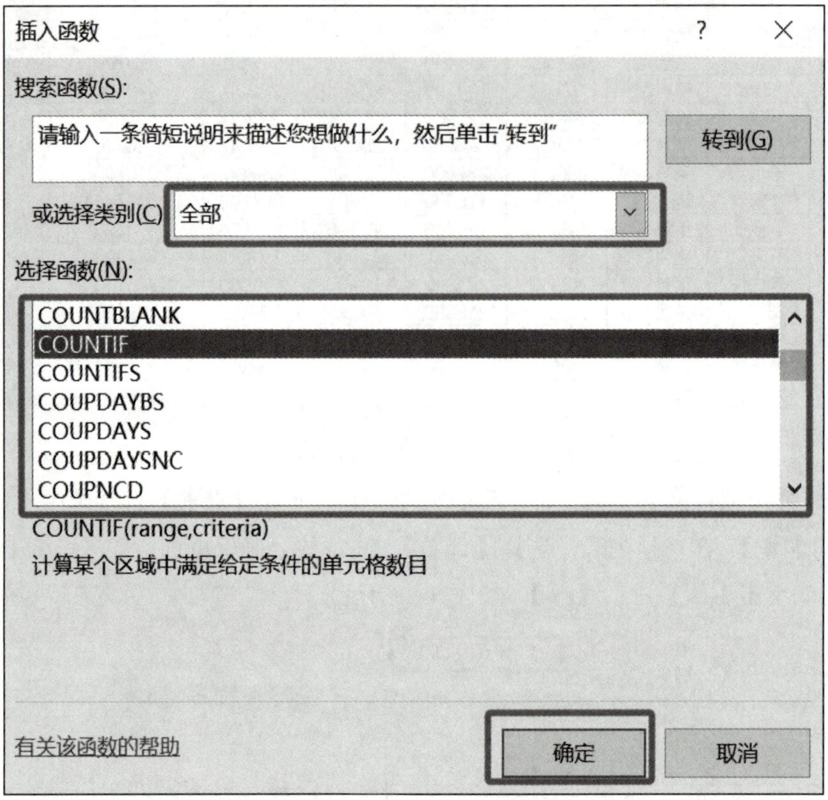

图 4-39　选择 COUNTIF 函数

在弹出的【函数参数】对话框中分别输入正确的函数参数，单击【确定】，即可得到结果，如图 4-40 所示。

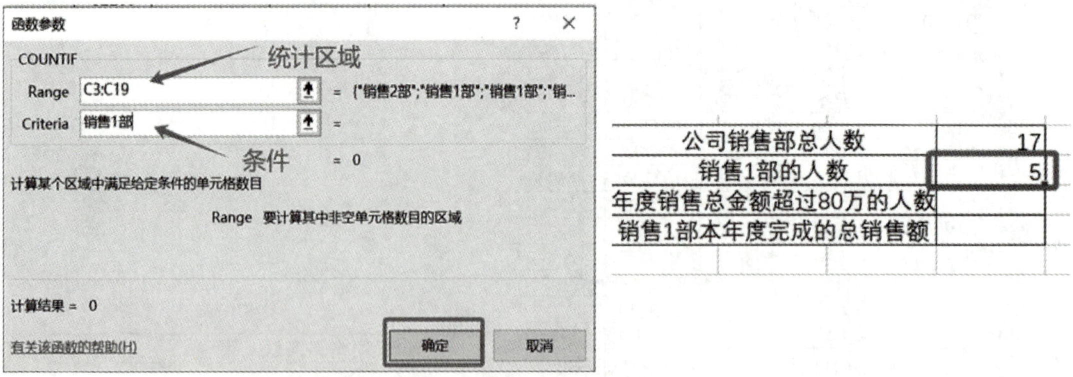

图 4-40　COUNTIF 函数及计算结果

(8) 计算销售 1 部本年度完成的总销量。定位到 D28 单元格，单击【公式】选项卡中【函数库】组中的【插入函数】，在弹出的【插入函数】对话框中，选择 SUMIF(条件求和)

函数，单击【确定】，如图 4-41 所示。

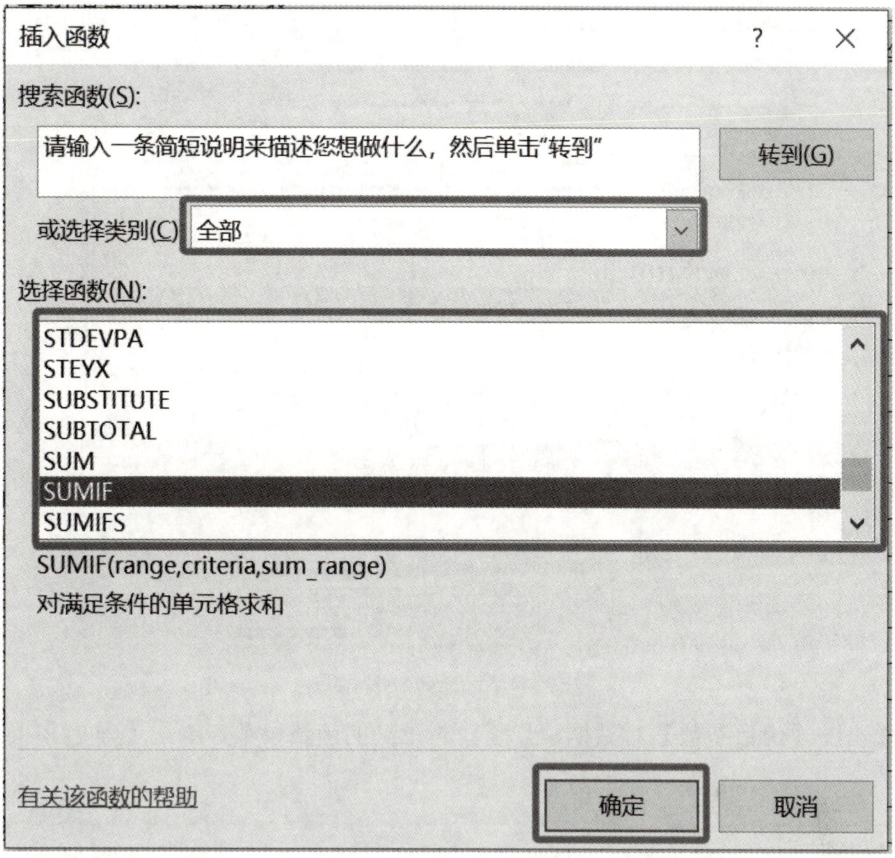

图 4-41　选择 SUMIF 函数

在弹出的【函数参数】对话框，分别输入正确的函数参数，单击【确定】，即可得到结果，如图 4-42 所示。

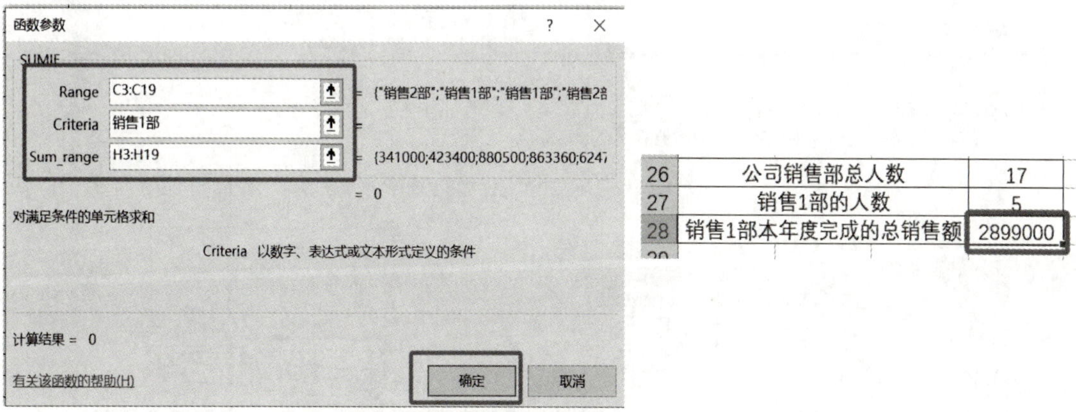

图 4-42　SUMIF 函数参数及计算结果

(9) 计算销售排名。定位到 J3 单元格，单击【公式】选项卡中【函数库】组中的【插入函数】，在弹出的【插入函数】对话框中，选择 RANK 函数，如图 4-43 所示。

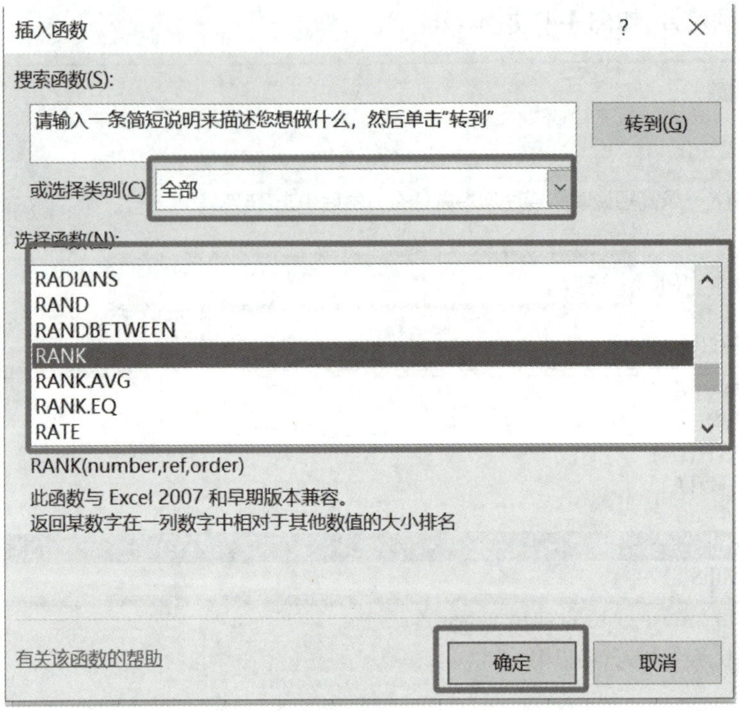

图 4-43　选择 RANK 函数

在弹出的【函数参数】对话框，分别输入正确的函数参数，单击【确定】，如图 4-44 所示。

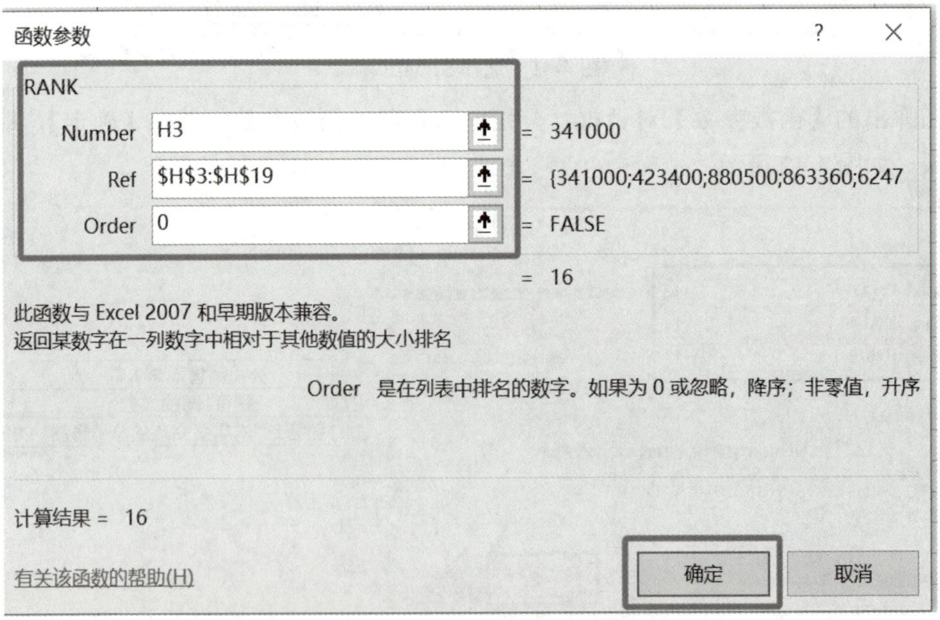

图 4-44　RANK 函数参数

得到 J3 的排名，拖动 J3 单元格的填充柄至 J19，得到其他单元格的排名结果，如图 4-45 所示。

	A	B	C	D	E	F	G	H	I	J	K
1	德胜集团销售部销售情况表										
2	员工编号	姓名	部门	1季度	2季度	3季度	4季度	个人年度销售总金额	个人销售占比	销售排名	销售业绩绩效等级
3	0124001	李小凡	销售2部	135300	121500	52000	32200	341000	3.56%	16	
4	0124002	冯平	销售1部	146800	15800	181300	79500	423400	4.42%	14	
5	0124003	周亚兰	销售1部	181800	156100	516300	26300	880500	9.20%	1	
6	0124004	李素丽	销售2部	186900	314520	235890	126050	863360	9.02%	2	
7	0124005	张志国	销售3部	134000	317600	115300	57800	624700	6.52%	7	
8	0124006	张峰	销售3部	92500	124500	128300	28300	373600	3.90%	15	
9	0124007	陈海	销售1部	146900	125500	227400	37800	537600	5.62%	9	
10	0124008	方晓	销售2部	189400	24100	214500	18400	446400	4.66%	12	
11	0124009	孙洪丽	销售3部	286000	237600	221400	65700	810700	8.47%	3	
12	0124010	李素琴	销售1部	145300	116300	121400	117700	500700	5.23%	10	
13	0124011	王亚杰	销售2部	149200	126700	28100	149100	453100	4.73%	11	
14	0124012	王志波	销售3部	167200	22540	15900	37260	242900	2.54%	17	
15	0124013	李先悦	销售3部	42000	221800	31400	130500	425700	4.45%	13	
16	0124014	田汉	销售3部	187100	218900	219900	26100	652000	6.81%	6	
17	0124015	曾洁	销售2部	268000	212030	118500	121970	720500	7.53%	5	
18	0124016	曹云志	销售2部	70500	122300	318000	210300	721100	7.53%	4	
19	0124017	方志国	销售1部	121600	55600	64100	315500	556800	5.82%	8	
20	合计			2650500	2533390	2809690	1580480	9574060	/	/	/
21	平均值			155911.8	149022.9	165275.9	92969.41	563180	/	/	/
22	最大值			286000	317600	516300	315500	880500	/	/	/
23	最小值			42000	15800	15900	18400	242900	/	/	/

图 4-45　销售排名结果

(10) 计算销售业绩等级。定位到 K3 单元格，输入公式“=IF(H3>=800000," 优 ",IF(H3>=500000," 良 ",IF(H3>=300000," 达标 "," 不达标 ")))”，如图 4-46 所示。

图 4-46　计算销售业绩

按【Enter】键或单击编辑栏中的【√】按钮，得到 K3 单元格的计算结果。单击 K3 单元格，拖动填充柄至 K19，得到其他单元格的计算结果，如图 4-47 所示。

德胜集团销售部销售情况表										
员工编号	姓名	部门	1季度	2季度	3季度	4季度	个人年度销售总金额	个人销售占比	销售排名	销售业绩绩效等级
0124001	李小凡	销售2部	135300	121500	52000	32200	341000	3.56%	16	达标
0124002	冯平	销售1部	146800	15800	181300	79500	423400	4.42%	14	达标
0124003	周亚兰	销售1部	181800	156100	516300	26300	880500	9.20%	1	优
0124004	李素丽	销售2部	186900	314520	235890	126050	863360	9.02%	2	优
0124005	张志国	销售3部	134000	317600	115300	57800	624700	6.52%	7	良
0124006	张峰	销售3部	92500	124500	128300	28300	373600	3.90%	15	达标
0124007	陈海	销售1部	146900	125500	227400	37800	537600	5.62%	9	良
0124008	方晓	销售2部	189400	24100	214500	18400	446400	4.66%	12	达标
0124009	孙洪丽	销售3部	286000	237600	221400	65700	810700	8.47%	3	优
0124010	李素琴	销售1部	145300	116300	121400	117700	500700	5.23%	10	良
0124011	王亚杰	销售2部	149200	126700	28100	149100	453100	4.73%	11	达标
0124012	王志波	销售3部	167200	22540	15900	37260	242900	2.54%	17	不达标
0124013	李先悦	销售3部	42000	221800	31400	130500	425700	4.45%	13	达标
0124014	田汉	销售3部	187100	218900	219900	26100	652000	6.81%	6	良
0124015	曾洁	销售2部	268000	212030	118500	121970	720500	7.53%	5	良
0124016	曹云志	销售2部	70500	122300	318000	210300	721100	7.53%	4	良
0124017	方志国	销售1部	121600	55600	64100	315500	556800	5.82%	8	良
合计			2650500	2533390	2809690	1580480	9574060	/	/	/

图 4-47　销售业绩绩效等级计算结果

完成所有计算后，效果如图 4-48 所示。

1	德胜集团销售部销售情况表										
2	员工编号	姓名	部门	1季度	2季度	3季度	4季度	个人年度销售总金额	个人销售占比	销售排名	销售业绩绩效等级
3	0124001	李小凡	销售2部	135300	121500	52000	32200	341000	3.56%	16	达标
4	0124002	冯平	销售1部	146800	15800	181300	79500	423400	4.42%	14	达标
5	0124003	周亚兰	销售1部	181800	156100	516300	26300	880500	9.20%	1	优
6	0124004	李素丽	销售2部	186900	314520	235890	126050	863360	9.02%	2	优
7	0124005	张志国	销售3部	134000	317600	115300	57800	624700	6.52%	7	良
8	0124006	张峰	销售3部	92500	124500	128300	28300	373600	3.90%	15	达标
9	0124007	陈海	销售1部	146900	125500	227400	37800	537600	5.62%	9	良
10	0124008	方晓	销售2部	189400	24100	214500	18400	446400	4.66%	12	达标
11	0124009	孙洪丽	销售3部	286000	237600	221400	65700	810700	8.47%	3	优
12	0124010	李素琴	销售1部	145300	116300	121400	117700	500700	5.23%	10	良
13	0124011	王亚杰	销售2部	149200	126700	28100	149100	453100	4.73%	11	达标
14	0124012	王志波	销售3部	167200	22540	15900	37260	242900	2.54%	17	不达标
15	0124013	李先悦	销售3部	42000	221800	31400	130500	425700	4.45%	13	达标
16	0124014	田汉	销售3部	187100	218900	219900	26100	652000	6.81%	6	良
17	0124015	曾洁	销售2部	268000	212030	118500	121970	720500	7.53%	5	良
18	0124016	曹云志	销售2部	70500	122300	318000	210300	721100	7.53%	4	良
19	0124017	方志国	销售1部	121600	55600	64100	315500	556800	5.82%	8	良
20	合计			2650500	2533390	2809690	1580480	9574060	/	/	/
21	平均值			155911.8	149022.9	165275.9	92969.41	563180	/	/	/
22	最大值			286000	317600	516300	315500	880500	/	/	/
23	最小值			42000	15800	15900	18400	242900	/	/	/
24											
25											
26	公司销售部总人数			17							
27	销售1部的人数			5							
28	销售1部本年度完成的总销售额			2899000							

图 4-48　实践完成效果

对文档进行保存，确保文档始终保持最新且完整的状态。

实践三　数据管理与分析

【实践目的】

(1) 掌握 Excel 2016 简单排序和多重排序的方法。
(2) 掌握 Excel 2016 对数据清单进行分类汇总方法。
(3) 能够对数据清单进行自动筛选和高级筛选方法。
(4) 能够根据数据清单做出数据透视表和透视图。

【实践内容及步骤】

1. 排序

打开配套素材“数据管理 .xlsx”，切换到“排序”工作表，完成相关排序。具体操作步骤如下：

(1) 简单排序：按照销售金额降序排序。定位到“销售金额”字段中的任意一个单元格，单击【数据】选项卡中【排序和筛选】组中的 按钮，完成排序，如图 4-49 所示。

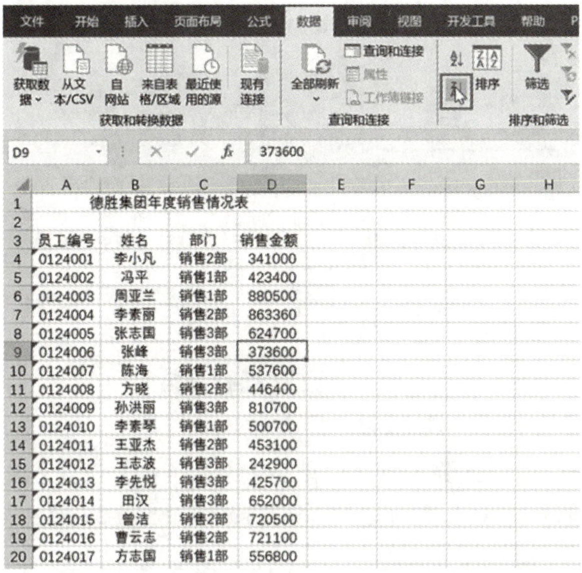

	A	B	C	D
1	德胜集团年度销售情况表			
2				
3	员工编号	姓名	部门	销售金额
4	0124001	李小凡	销售2部	341000
5	0124002	冯平	销售1部	423400
6	0124003	周亚兰	销售1部	880500
7	0124004	李素丽	销售2部	863360
8	0124005	张志国	销售3部	624700
9	0124006	张峰	销售3部	373600
10	0124007	陈海	销售1部	537600
11	0124008	方晓	销售2部	446400
12	0124009	孙洪丽	销售3部	810700
13	0124010	李素琴	销售1部	500700
14	0124011	王亚杰	销售2部	453100
15	0124012	王志波	销售3部	242900
16	0124013	李先悦	销售3部	425700
17	0124014	田汉	销售3部	652000
18	0124015	曾洁	销售2部	720500
19	0124016	曹云志	销售2部	721100
20	0124017	方志国	销售1部	556800

1	德胜集团年度销售情况表			
2				
3	员工编号	姓名	部门	销售金额
4	0124003	周亚兰	销售1部	880500
5	0124004	李素丽	销售2部	863360
6	0124009	孙洪丽	销售3部	810700
7	0124016	曹云志	销售2部	721100
8	0124015	曾洁	销售2部	720500
9	0124014	田汉	销售3部	652000
10	0124005	张志国	销售3部	624700
11	0124017	方志国	销售1部	556800
12	0124007	陈海	销售1部	537600
13	0124010	李素琴	销售1部	500700
14	0124011	王亚杰	销售2部	453100
15	0124008	方晓	销售2部	446400
16	0124013	李先悦	销售3部	425700
17	0124002	冯平	销售1部	423400
18	0124006	张峰	销售3部	373600
19	0124001	李小凡	销售2部	341000
20	0124012	王志波	销售3部	242900

图 4-49　简单排序

(2) 多重排序：使用排序菜单以部门为主要关键字 (按照字母) 升序排序，销售金额为次要关键字降序排序。将光标定位到数据清单中的任意一个单元格，单击【数据】选项卡中【排序和筛选】组中的 按钮，如图 4-50 所示。

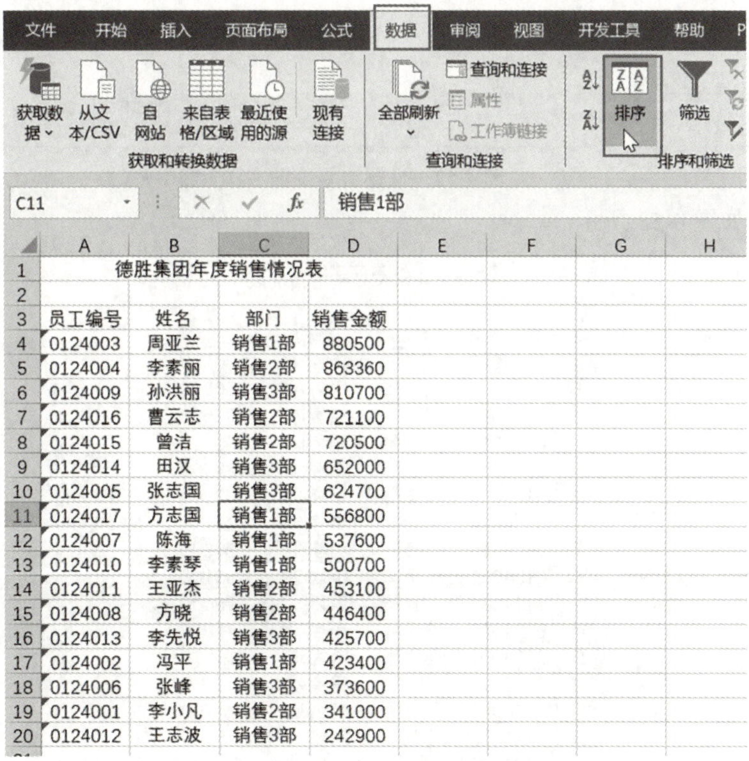

	A	B	C	D
1	德胜集团年度销售情况表			
2				
3	员工编号	姓名	部门	销售金额
4	0124003	周亚兰	销售1部	880500
5	0124004	李素丽	销售2部	863360
6	0124009	孙洪丽	销售3部	810700
7	0124016	曹云志	销售2部	721100
8	0124015	曾洁	销售2部	720500
9	0124014	田汉	销售3部	652000
10	0124005	张志国	销售3部	624700
11	0124017	方志国	销售1部	556800
12	0124007	陈海	销售1部	537600
13	0124010	李素琴	销售1部	500700
14	0124011	王亚杰	销售2部	453100
15	0124008	方晓	销售2部	446400
16	0124013	李先悦	销售3部	425700
17	0124002	冯平	销售1部	423400
18	0124006	张峰	销售3部	373600
19	0124001	李小凡	销售2部	341000
20	0124012	王志波	销售3部	242900

图 4-50　使用排序菜单

在弹出的【排序】菜单中，设置【排序依据】为“部门”，【次序】为“升序”，同时单击【选项】，打开【排序选项】对话框，选择【字母排序】，单击【确定】，如图 4-51 所示。

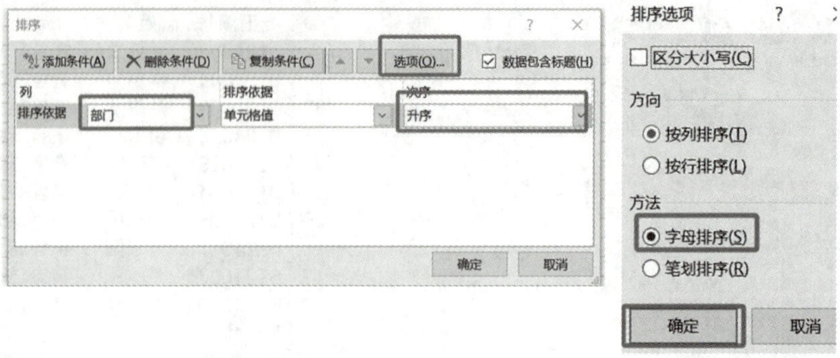

图 4-51　设置第一关键字和排序选项

设置完排序选项后，回到【排序】对话框，设置次要关键字。单击【添加条件】，设置【次要关键字】为【销售金额】，【次序】为【降序】，单击【确定】，完成排序，如图 4-52 所示。

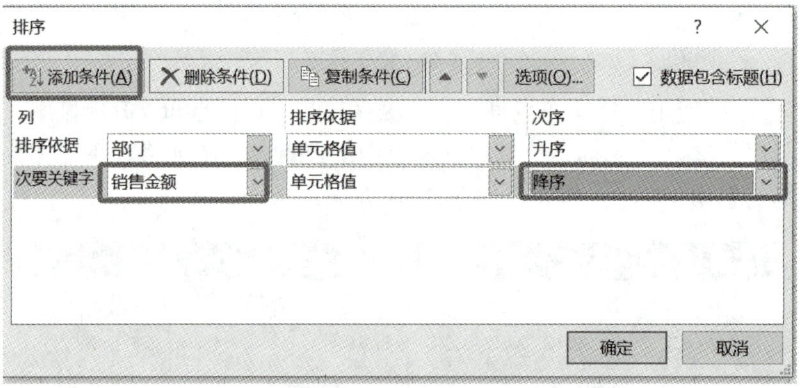

图 4-52　设置次要关键字

排序效果如图 4-53 所示。

1	德胜集团年度销售情况表			
2				
3	员工编号	姓名	部门	销售金额
4	0124003	周亚兰	销售1部	880500
5	0124017	方志国	销售1部	556800
6	0124007	陈海	销售1部	537600
7	0124010	李素琴	销售1部	500700
8	0124002	冯平	销售1部	423400
9	0124004	李素丽	销售2部	863360
10	0124016	曹云志	销售2部	721100
11	0124015	曾洁	销售2部	720500
12	0124011	王亚杰	销售2部	453100
13	0124008	方晓	销售2部	446400
14	0124001	李小凡	销售2部	341000
15	0124009	孙洪丽	销售3部	810700
16	0124014	田汉	销售3部	652000
17	0124005	张志国	销售3部	624700
18	0124013	李先悦	销售3部	425700
19	0124006	张峰	销售3部	373600
20	0124012	王志波	销售3部	242900

图 4-53　排序效果图

2. 分类汇总

切换到“分类汇总”工作表，按部门汇总销售金额之和。具体操作步骤如下：

(1) 按部门进行分类。定位到“部门”字段中的任意一个单元格，单击【数据】选项卡中【排序和筛选】组中的 按钮 (升序降序均可)，数据清单按“部门”进行排序 (分类)，如图 4-54 所示。

1	德胜集团年度销售情况表			
2				
3	员工编号	姓名	部门	销售金额
4	0124002	冯平	销售1部	423400
5	0124003	周亚兰	销售1部	880500
6	0124007	陈海	销售1部	537600
7	0124010	李素琴	销售1部	500700
8	0124017	方志国	销售1部	556800
9	0124001	李小凡	销售2部	341000
10	0124004	李素丽	销售2部	863360
11	0124008	方晓	销售2部	446400
12	0124011	王亚杰	销售2部	453100
13	0124015	曾洁	销售2部	720500
14	0124016	曹云志	销售2部	721100
15	0124005	张志国	销售3部	624700
16	0124006	张峰	销售3部	373600
17	0124009	孙洪丽	销售3部	810700
18	0124012	王志波	销售3部	242900
19	0124013	李先悦	销售3部	425700
20	0124014	田汉	销售3部	652000

图 4-54　按部门进行分类

(2) 分类汇总销售金额。选中数据清单中的任意一个单元格，选择【数据】选项卡，在【分级显示】功能组中，单击【分类汇总】按钮 ，在打开的【分类汇总】对话框中，设置【分类字段】为【部门】,【汇总方式】为【求和】,【选定汇总项】为【销售金额】, 单击【确定】，如图 4-55 所示。

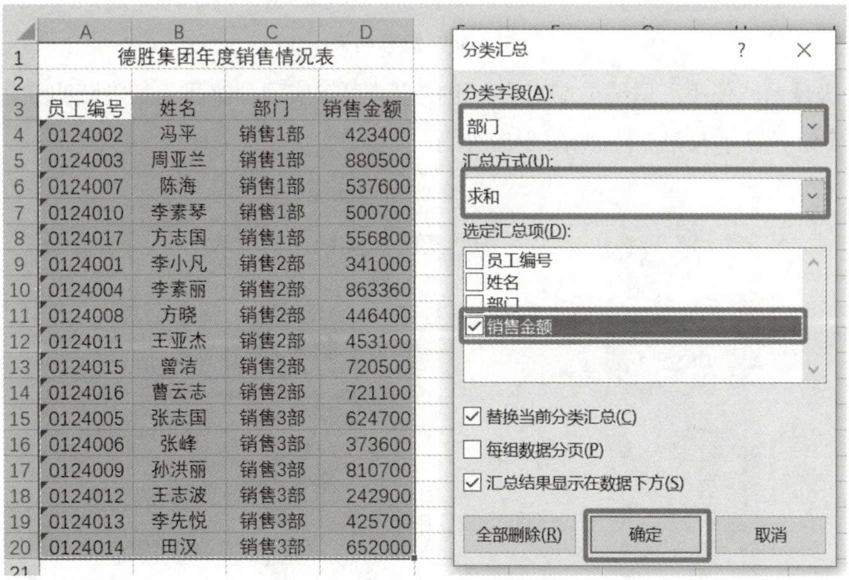

	A	B	C	D
1	德胜集团年度销售情况表			
2				
3	员工编号	姓名	部门	销售金额
4	0124002	冯平	销售1部	423400
5	0124003	周亚兰	销售1部	880500
6	0124007	陈海	销售1部	537600
7	0124010	李素琴	销售1部	500700
8	0124017	方志国	销售1部	556800
9	0124001	李小凡	销售2部	341000
10	0124004	李素丽	销售2部	863360
11	0124008	方晓	销售2部	446400
12	0124011	王亚杰	销售2部	453100
13	0124015	曾洁	销售2部	720500
14	0124016	曹云志	销售2部	721100
15	0124005	张志国	销售3部	624700
16	0124006	张峰	销售3部	373600
17	0124009	孙洪丽	销售3部	810700
18	0124012	王志波	销售3部	242900
19	0124013	李先悦	销售3部	425700
20	0124014	田汉	销售3部	652000

图 4-55　分类汇总对话框 (按照部门汇总销售金额之和)

分类汇总结果如图 4-56 所示。

	A	B	C	D
1	德胜集团年度销售情况表			
2				
3	员工编号	姓名	部门	销售金额
4	0124002	冯平	销售1部	423400
5	0124003	周亚兰	销售1部	880500
6	0124007	陈海	销售1部	537600
7	0124010	李素琴	销售1部	500700
8	0124017	方志国	销售1部	556800
9			**销售1部汇总**	2899000
10	0124001	李小凡	销售2部	341000
11	0124004	李素丽	销售2部	863360
12	0124008	方晓	销售2部	446400
13	0124011	王亚杰	销售2部	453100
14	0124015	曾洁	销售2部	720500
15	0124016	曹云志	销售2部	721100
16			**销售2部汇总**	3545460
17	0124005	张志国	销售3部	624700
18	0124006	张峰	销售3部	373600
19	0124009	孙洪丽	销售3部	810700
20	0124012	王志波	销售3部	242900
21	0124013	李先悦	销售3部	425700
22	0124014	田汉	销售3部	652000
23			**销售3部汇总**	3129600
24			**总计**	9574060

图 4-56 汇总结果

(3) 分级显示。使用汇总结果左侧的分级按钮，可以实现分级显示、隐藏明细数据行，本例中单击【分级显示按钮 2】，如图 4-57 所示。

	A	B	C	D
1	德胜集团年度销售情况表			
2				
3	员工编号	姓名	部门	销售金额
9			**销售1部汇总**	2899000
16			**销售2部汇总**	3545460
23			**销售3部汇总**	3129600
24			**总计**	9574060

图 4-57 分级显示分类汇总结果

3. 筛选

1) 自动筛选

切换到“自动筛选”工作表，筛选出销售 3 部基本工资在 4000～5000 之间 (大于等于 4000 并小于等于 5000) 的员工信息，具体操作步骤如下：

(1) 选中数据清单中的任意一个单元格，单击【数据】选项卡中【排序和筛选】组中的【自动筛选】按钮，打开【自动筛选器】(在字段名右侧显示筛选按钮)，单击【部门】字段的筛选按钮，在弹出的【筛选选项】菜单中取消勾选【全选】复选框，勾选【销售 3 部】复选框，单击【确定】，如图 4-58 所示。

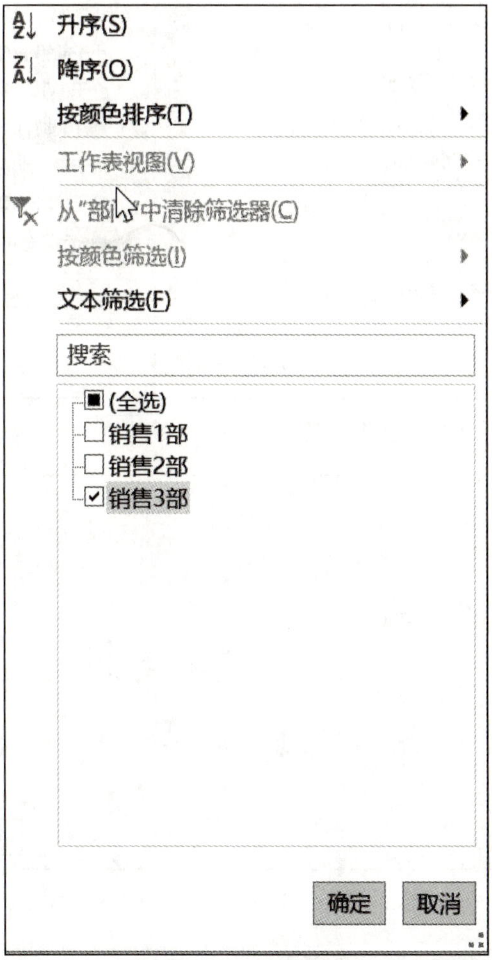

图 4-58　筛选选项菜单

(2) 单击【基本工资】字段的筛选按钮，在弹出的【筛选选项】菜单中选择【数字筛选】，在下拉菜单中选择【自定义筛选】，如图 4-59 所示。

(3) 在弹出的【自定义自动筛选方式】对话框中输入筛选条件，单击【确定】，如图 4-60 所示。

(4) 筛选结果如图 4-61 所示。

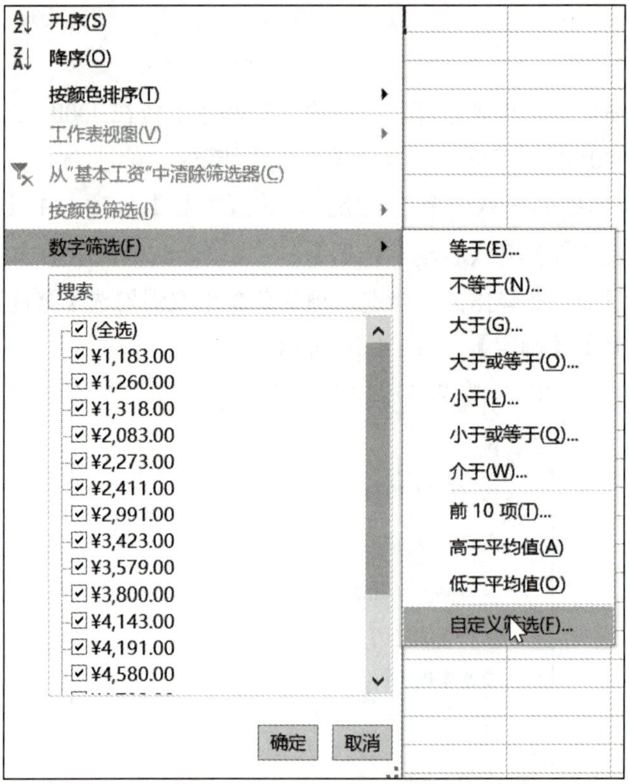

图 4-59　选择自定义筛选

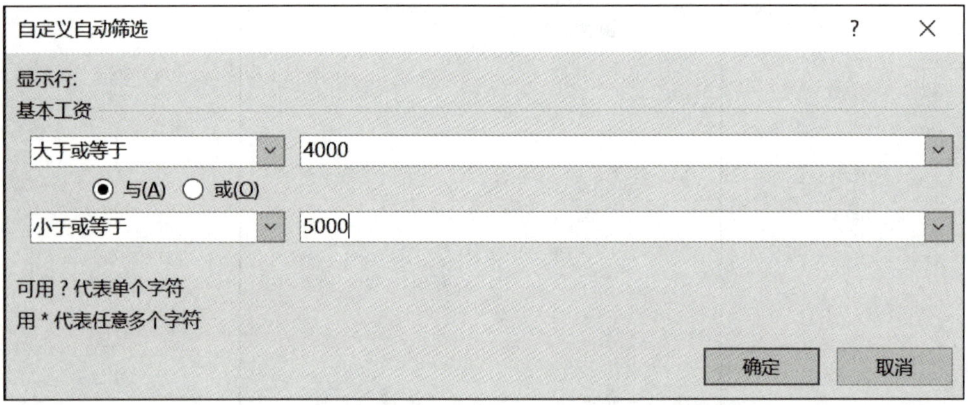

图 4-60 【自定义自动筛选方式】对话框

4	员工编	姓名	性别	出生年月	部门	基本工资
9	0124005	张志国	男	1976/12/20	销售3部	¥ 4,732.00
17	0124013	李先悦	女	1985/6/18	销售3部	¥ 4,143.00

图 4-61　自动筛选结果

2) 高级筛选

切换到“高级筛选”工作表，筛选出销售 1 部基本工资大于 5000 或小于 3000 的员工信息，具体操作步骤如下：

(1) 建立条件区域。在 B24:C26 单元格区域输入相应条件，如图 4-62 所示。

23					
24		部门	基本工资		
25		销售1部	>5000		
26		销售1部	<3000		
27					

图 4-62 高级筛选条件区域

(2) 设置高级筛选对话框。选中数据清单中的任意一个单元格，单击【数据】选项卡中【排序和筛选】组中的【高级筛选】按钮 高级，打开【高级筛选】对话框。检查确保选中 A4:F21 单元格区域，单击【条件区域】编辑栏右侧的按钮 ，框选条件区域 B24:C26，如图 4-63 所示。

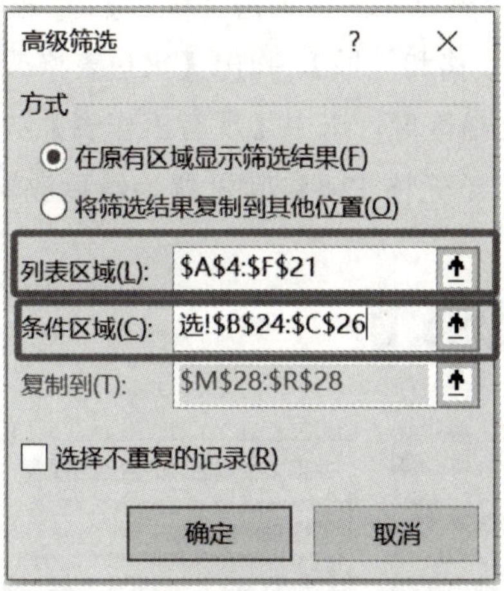

图 4-63 设置列表区域和条件区域

设置列表区域和条件区域后，设置结果区域。选中【将筛选结果复制到其他位置】单选框，单击【复制到】编辑栏右侧的 ，在工作表空白处单击 J26 单元格，将其设置为筛选结果放置区左上角的单元格，单击【确定】，如图 4-64 所示。

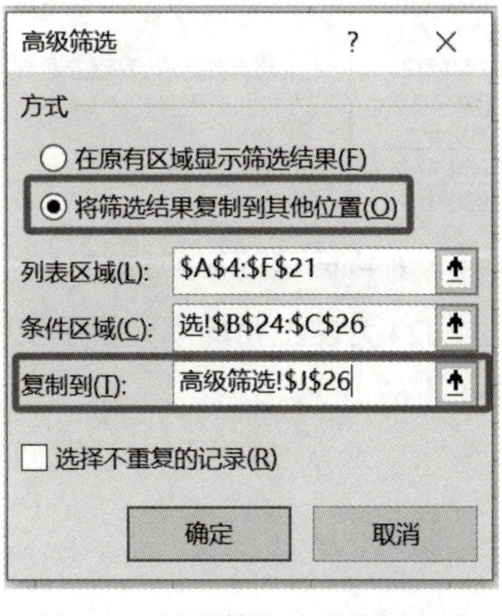

图 4-64 设置筛选结果放置区域

筛选结果如图 4-65 所示。

员工编号	姓名	性别	出生年月	部门	基本工资
0124002	冯平	男	1980/2/18	销售1部	¥2,083.00
0124003	周亚兰	女	1992/5/20	销售1部	¥1,183.00
0124007	陈海	男	1983/4/23	销售1部	¥5,880.00

图 4-65 高级筛选结果

4. 数据透视表和数据透视图

1) 数据透视表

制作数据透视表。切换到“数据透视表和透视图”工作表，汇总各部门不同职称男女职工的平均工资，具体操作步骤如下：

选中数据清单中的任意一个单元格，单击【插入】选项卡中【表格】组中的【数据透视表】，在下拉列表中选择【表格和区域】，弹出【来自表格或区域的数据透视表】对话框。检查确保框选为 A4:G21 单元格区域，选中【现有工作表】放置数据透视表，单击“位置”编辑栏右侧的 按钮，选中单元格 J24 将其设置为结果放置区左上角单元格，单击【确定】，如图 4-66 所示。

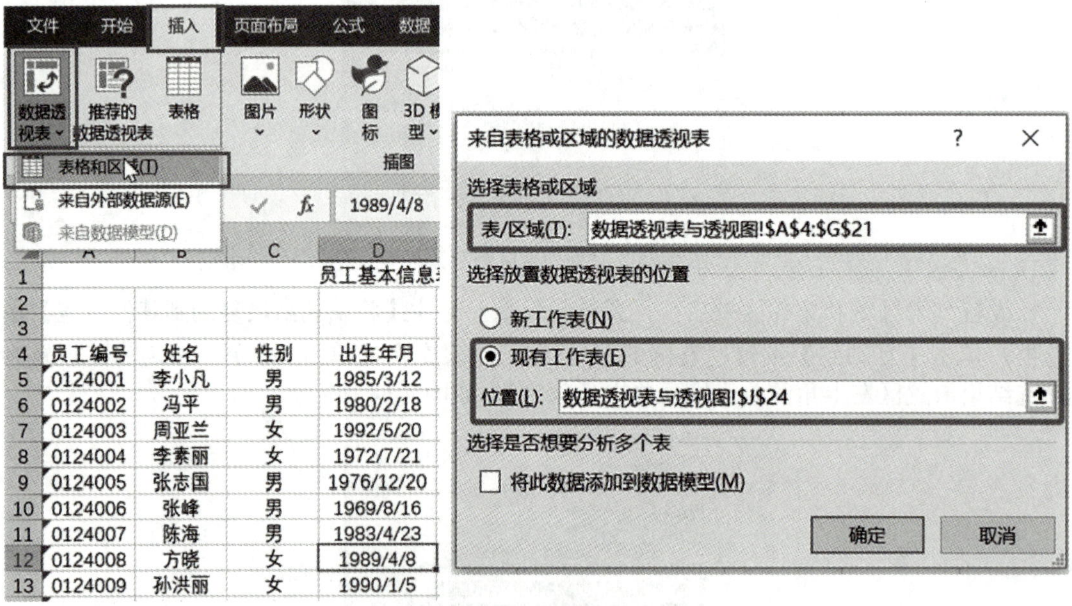

图 4-66 创建数据透视表

一个空的透视表会添加到以 J24 为左上角的单元格区域中，工作表窗口右侧出现【数据透视表字段】任务窗格，如图 4-67 所示。

图 4-67 数据透视表字段任务窗格

将【部门】字段拖动到【行】区域，将【职级】字段拖动到【列】区域，将【基本工资】字段拖动到【值】区域，将【性别】字段拖动到【筛选】区域，如图 4-68 所示。

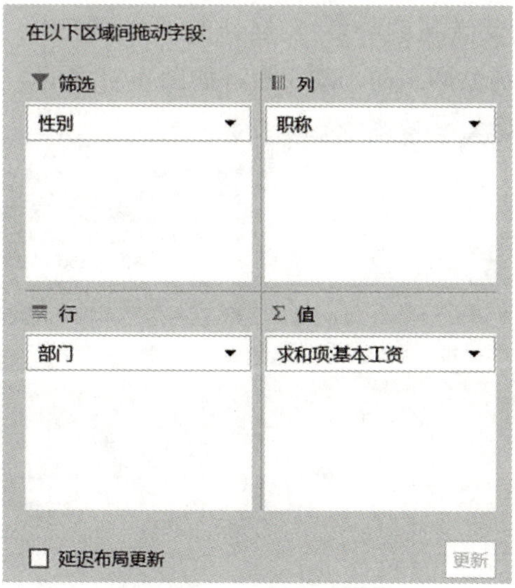

图 4-68 拖动相应字段

按要求统计工资的平均值，单击【值区域】中的【求和项：基本工资】右侧的倒三角，在弹出的菜单中选择【值字段设置】，在【值汇总方式】选项卡中的【计算类型】中选择【平均值】，单击【确定】，如图 4-69 所示。

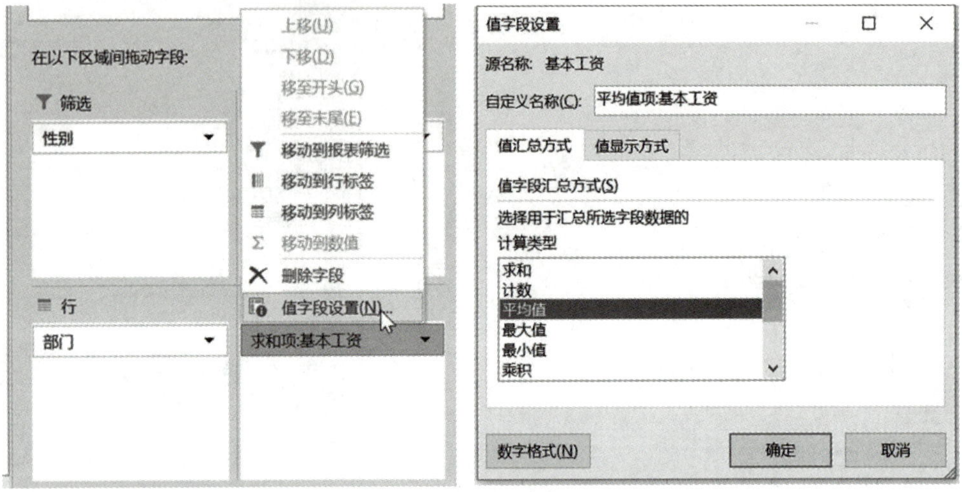

图 4-69　值字段设置

在以 J24 为左上角的单元格区域中生成一个数据透视表，如图 4-70 所示。

性别	(全部)			
平均值项:基本工资	列标签			
行标签	初级	高级	中级	总计
销售1部	¥1,633.00	¥5,230.00	¥4,191.00	¥3,583.40
销售2部	¥2,103.00		¥3,689.50	¥2,631.83
销售3部	¥2,632.00	¥5,206.33	¥4,143.00	¥4,171.00
总计	¥2,117.75	¥5,215.80	¥3,928.25	¥3,454.94

图 4-70　数据透视表

单击【性别】右侧的筛选按钮，在展开的下拉列表中，可以选择【男】或【女】来查看各个部门不同职称男女职工的平均工资，如图 4-71 所示。

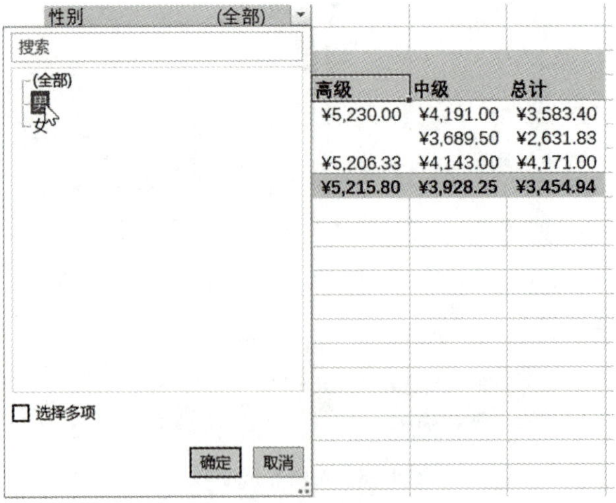

图 4-71　筛选汇总数据

2) 数据透视图

根据数据透视表制作数据透视图。定位到数据透视表中任意一个单元格，打开【数据透视表工具】的【数据透视表分析】选项卡，在【工具】功能组中单击【数据透视图】，如图 4-72 所示。

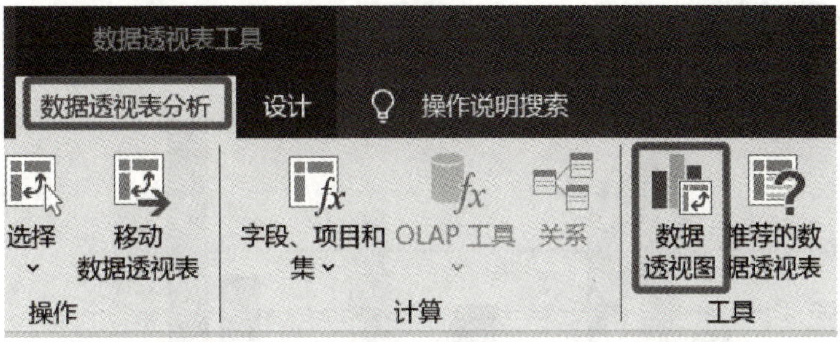

图 4-72　数据透视图

在弹出的【插入图表】对话框中选择【柱形图】中的【簇状柱形图】，单击【确定】，如图 4-73 所示。

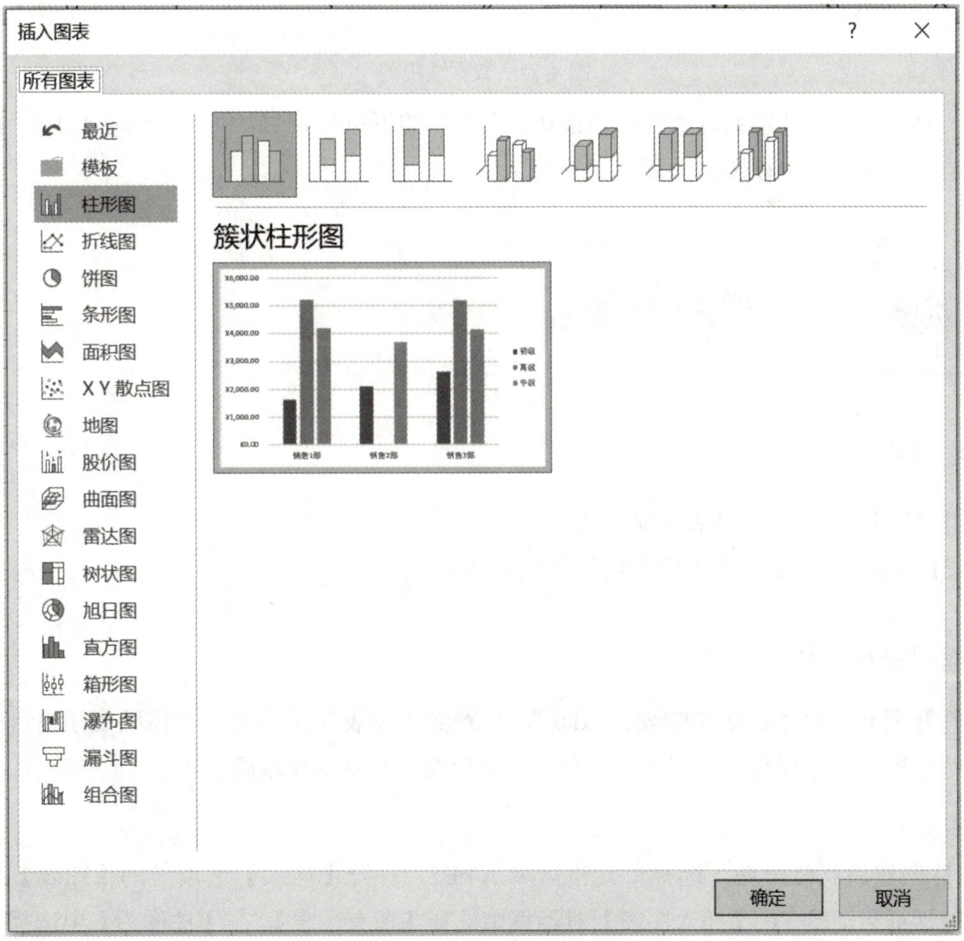

图 4-73　插入簇状柱形图

调整创建的数据透视图的大小和位置，使其位于 J4:N18 单元格区域，如图 4-74 所示。

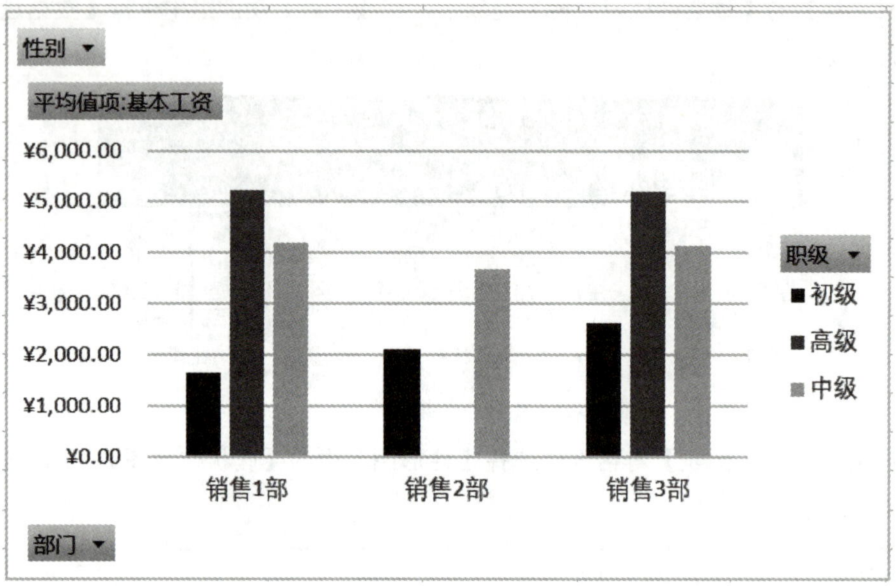

图 4-74　数据透视图

同样，单击【性别】右侧的筛选按钮，在展开的下拉列表中，可以选择【男】或【女】来查看各个部门不同职称男女职工的平均工资。

实践四　数据的图表化

【实践目的】

(1) 掌握 Excel 2016 图表的制作方法。

(2) 掌握 Excel 2016 图表的编辑和美化方法。

【实践内容及步骤】

打开配套素材“数据的图表化 .xlsx”，切换到“图表”工作表，对德胜集团销售统计表进行分析，制作簇状柱形图和销售总额占比饼图，具体操作步骤如下。

1. 柱形图

(1) 创建簇状柱形图。选择单元格区域 A4:E7，打开【插入】选项卡的【图表】功能组的对话框启动器，在【插入图表】对话框中选择【所有图表】，在【柱形图】中选择【簇状柱形图】，单击【确定】，如图 4-75 所示。

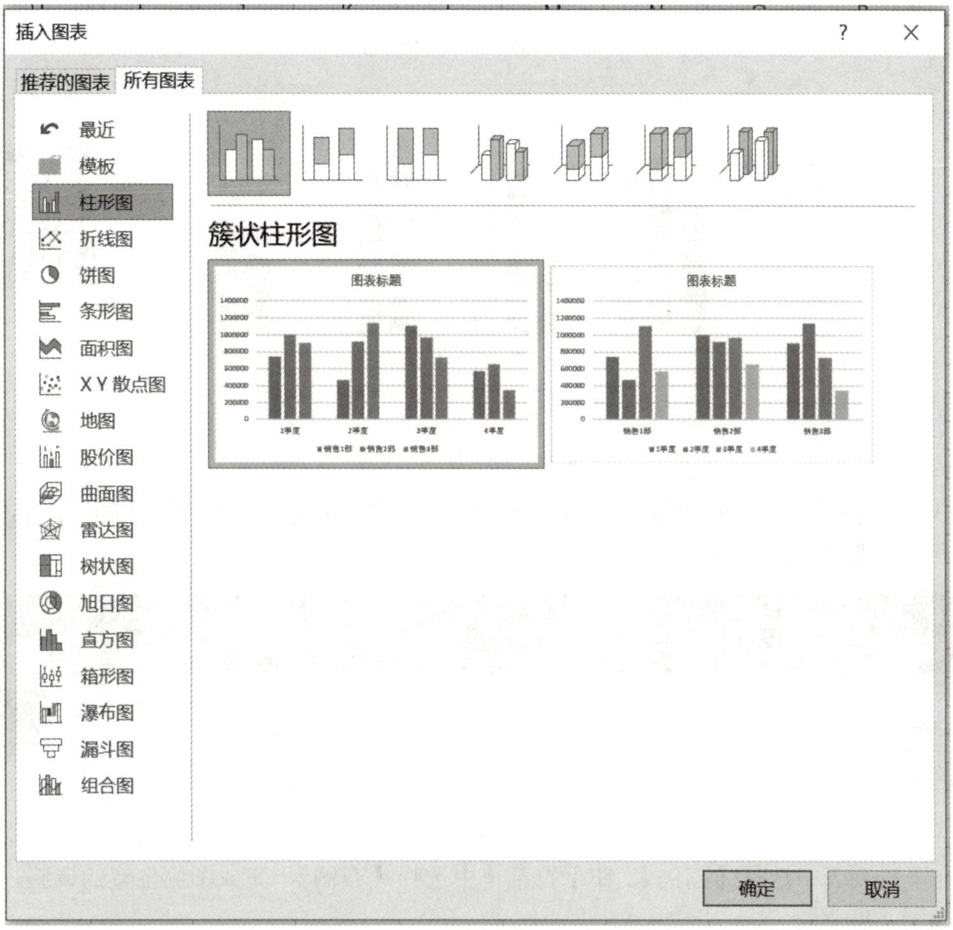

图 4-75　插入图表 (簇状柱形图)

完成图表的插入，如图 4-76 所示 (可扫码看原图，后同)。

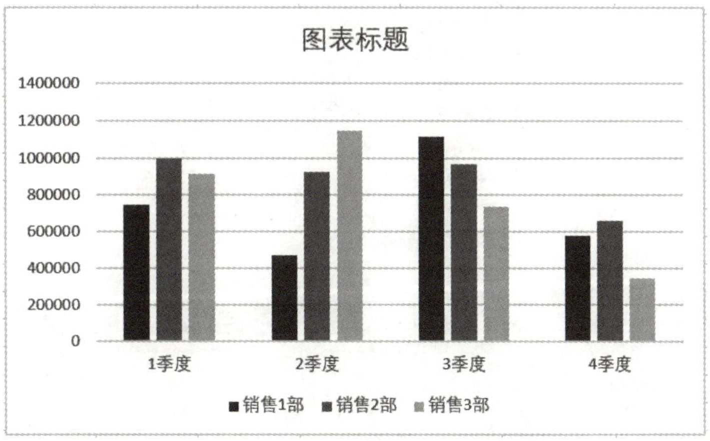

图 4-76　各部门销售情况统计图

(2) 设置图表标题。单击图表中【图表标题】文本框，删除“图表标题”，输入“各季度销售情况统计图”，设置字体格式为黑体、16 磅，如图 4-77 所示。

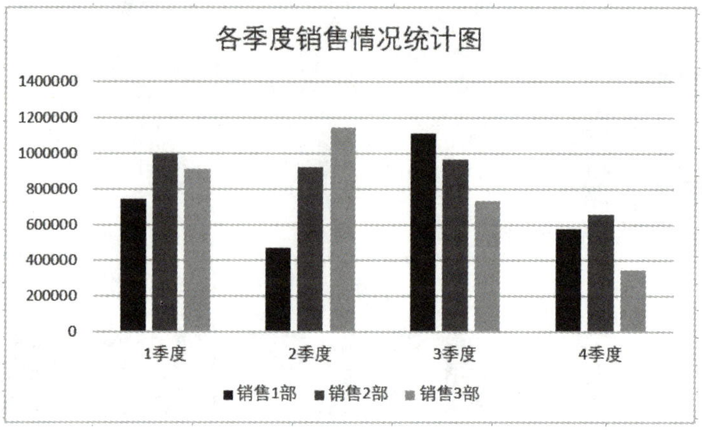

图 4-77　图表标题的设置

(3) 更改图表布局。选中图表，在【图表设计】选项卡的【图表布局】功能组中单击【添加图表元素】，如图 4-78 所示。

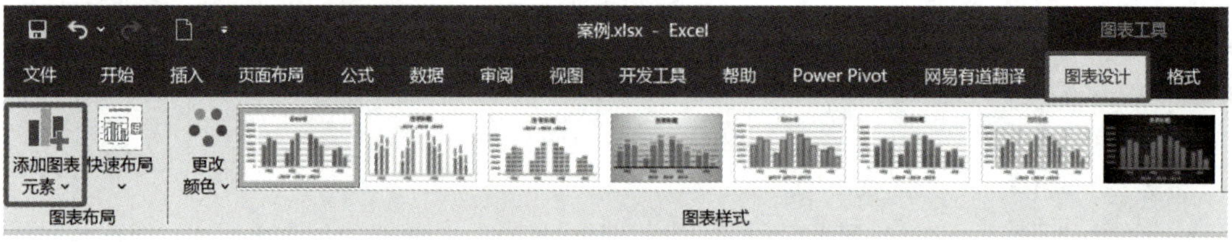

图 4-78　添加图表元素

在下拉列表中选择【图例】，在下拉菜单中选择【右侧】，完成图例位置的调整，如图 4-79 和图 4-80 所示。

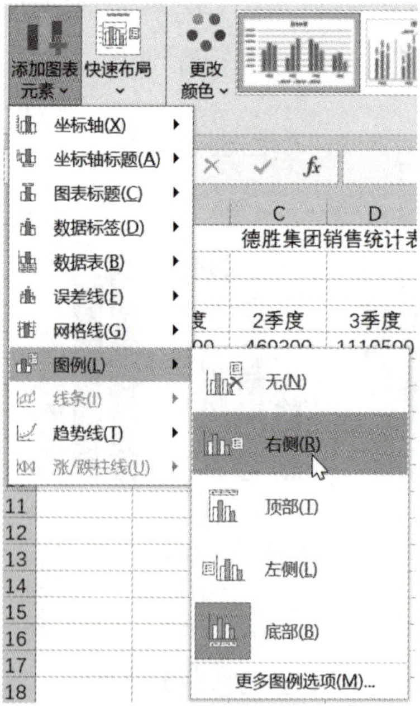

图 4-79　图例位置设置

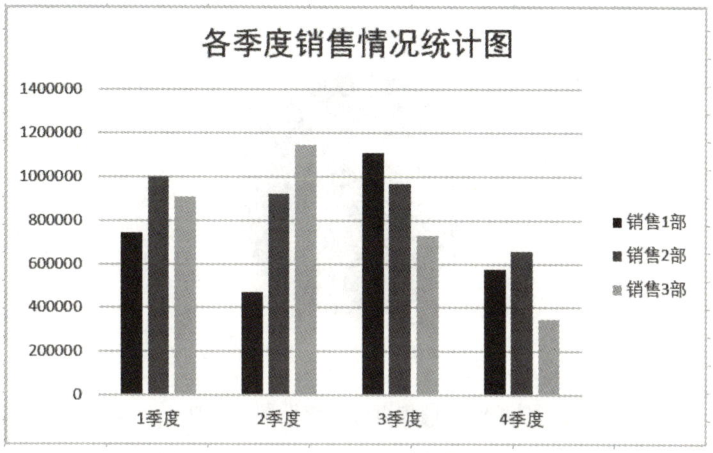

图 4-80　图例位置调整后

(4) 调整图表大小和移动图表。调整图表的大小，拖动图表至 H4:N19 单元格区域，完成簇状柱形图的制作。

2. 饼图

(1) 创建饼图。框选单元格区域 A4:A7 的同时按住 Ctrl 键，选择 F4:F7 区域，打开【插入】选项卡的【图表】功能组的对话框启动器，在【插入图表】对话框中选择【所有图表】，选择【饼图】中的【饼图】，单击【确定】，如图 4-81 所示。

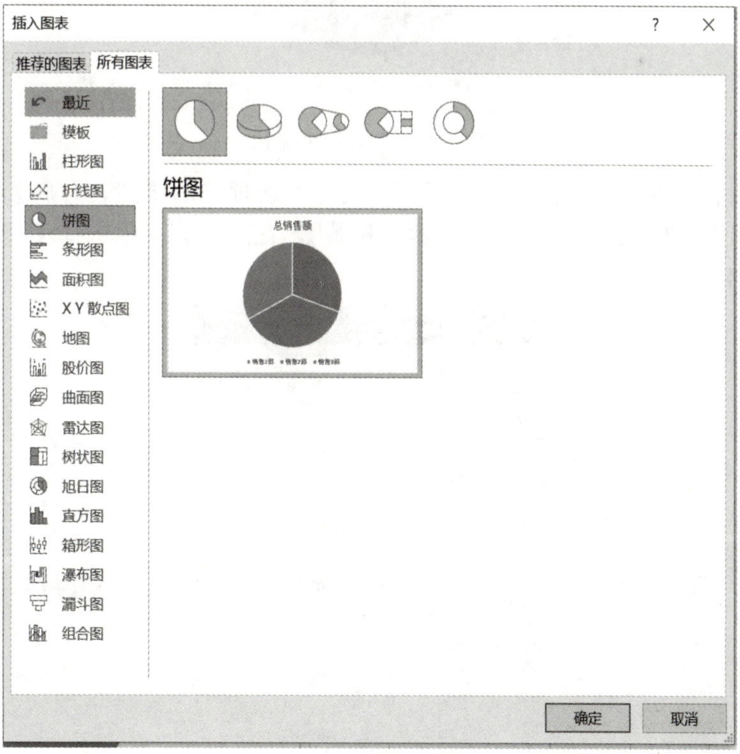

图 4-81　插入饼图

完成图表的插入，如图 4-82 所示。

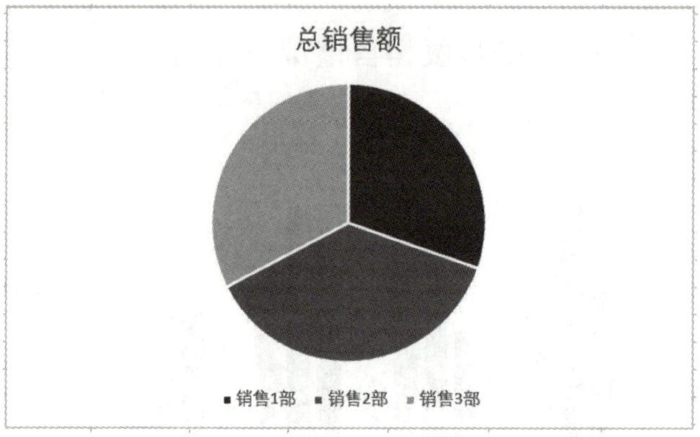

图 4-82　销售百分比统计图 (饼图)

(2) 设置图表标题。单击图表中【图表标题】文本框，删除原来标题，输入“销售占比统计图”，设置字体格式为黑体、16 磅，如图 4-83 所示。

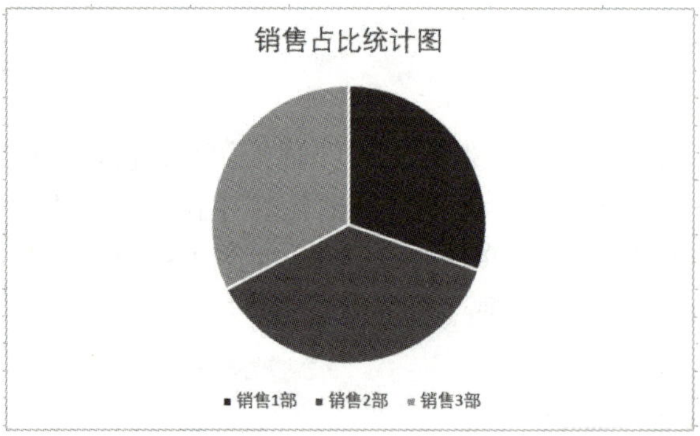

图 4-83　设置图表标题

(3) 设置图表标签。选中图表，在【图表设计】选项卡的【图表布局】功能组中单击【添加图表元素】，在下拉列表中选择【数据标签】，在下拉菜单中选择【其他数据标签选项】，如图 4-84 所示。

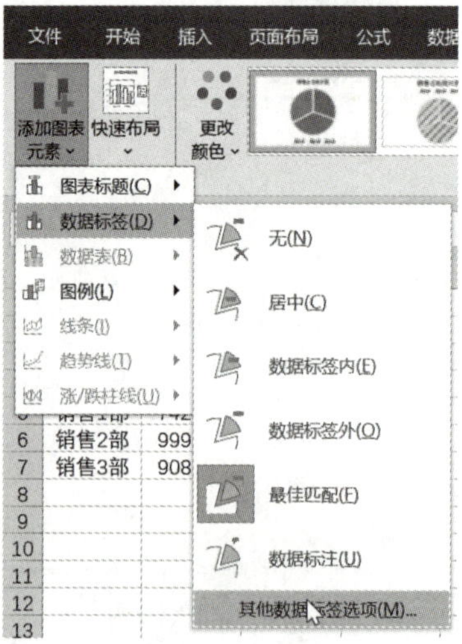

图 4-84　添加数据标签

工作表右侧出现【设置数据标签格式】任务窗格，单击【标签选项】按钮，展开标签选项，取消【值】复选框，勾选【类别名称】和【百分比】，如图 4-85 所示。

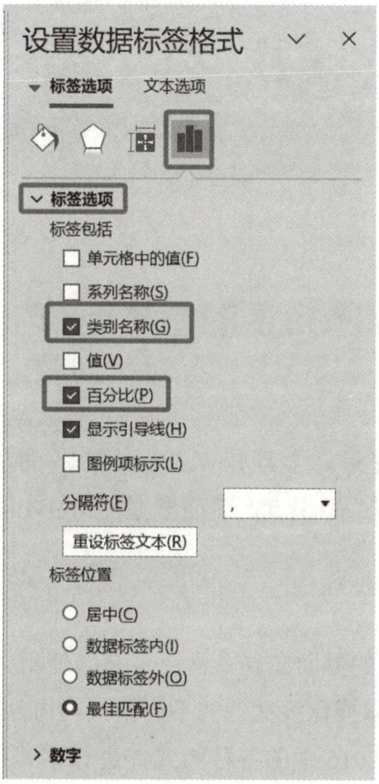

图 4-85　数据标签选项设置

完成数据标签的设置，效果如图 4-86 所示。

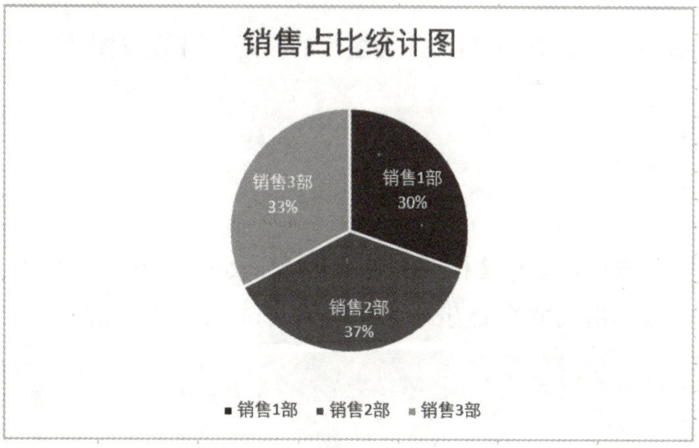

图 4-86　数据标签完成效果

(4) 调整图表大小和移动图表。调整图表的大小，拖动图表至 H21:N36 单元格区域，完成饼图的制作。

第五章　演示文稿软件PowerPiont 2016

实践一　PowerPoint 的基本制作

本章将通过一个完整的任务，学习 PowerPoint 2016 的基本操作。本实践通过系统化的实践与观察，学习和理解相关知识点，从而掌握 PowerPoint 2016 的操作方法。

【实践目的】

(1) 掌握 PowerPoint 2016 的界面布局及常用工具的使用方法。

(2) 掌握新建演示文稿，掌握保存文件的不同格式与方法，以及正确关闭文件的操作。

(3) 熟练运用 PowerPoint 2016 中的各种版式并进行格式化设置；掌握在文本框、占位符中添加、编辑文本的方法。

(4) 能够在演示文稿中添加幻灯片，删除不需要的幻灯片，并根据逻辑顺序对幻灯片进行位置调整。

(5) 掌握在 PowerPoint 2016 中插入各类图片的技巧，并设置图片大小。

【实践内容及步骤】

1. 启动和退出

(1) 单击【开始】按钮，选择【程序】，找到【Microsoft Office】，单击【Microsoft Office PowerPoint 2016】，或单击桌面快捷方式启动 PowerPoint 2016，如图 5-1 所示。

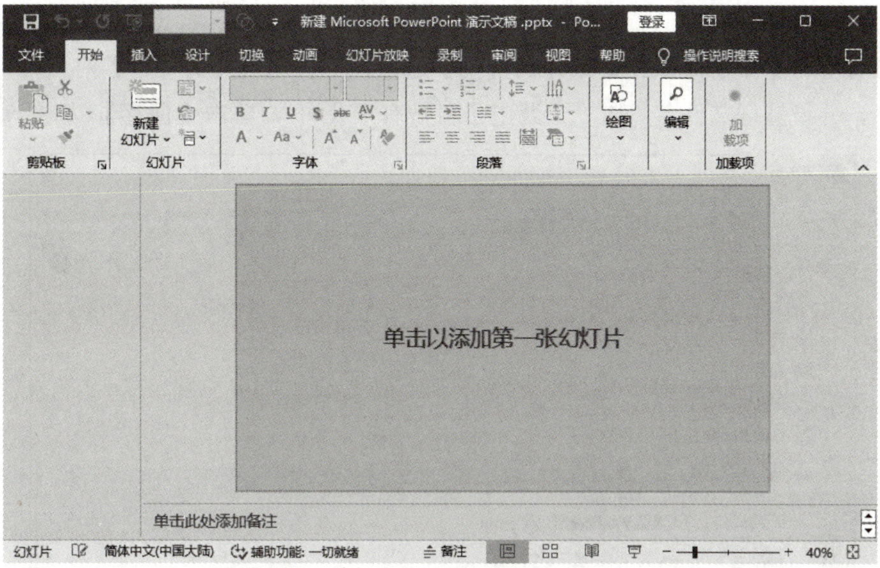

图 5-1　PowerPoint 2016 工作界面

(2) 添加幻灯片。

方法 1：单击画布中的【单击以添加第一张幻灯片】，在演示文稿中会自动增加一张【标题幻灯片】版式的幻灯片。

方法 2：单击【开始】选项卡，选择【幻灯片】组中的【新建幻灯片】，在下拉列表中选择【标题幻灯片】版式，也可增加一张新幻灯片，如图 5-2 所示。

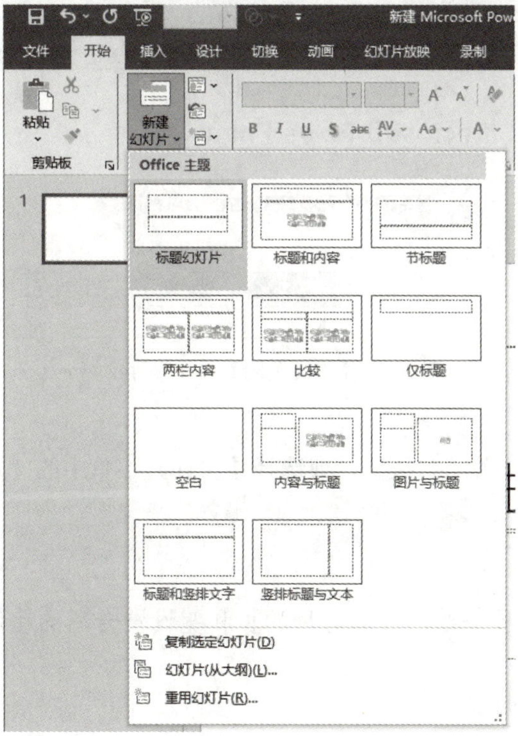

图 5-2　新建幻灯片

(3) 保存演示文稿。

单击【文件】中的【保存】或【另存为】选项，都会出现【另存为】对话框，选择好保存路径，并设置好文件名，如“天鸿电子科技有限公司”，单击【保存】，如图 5-3 所示。

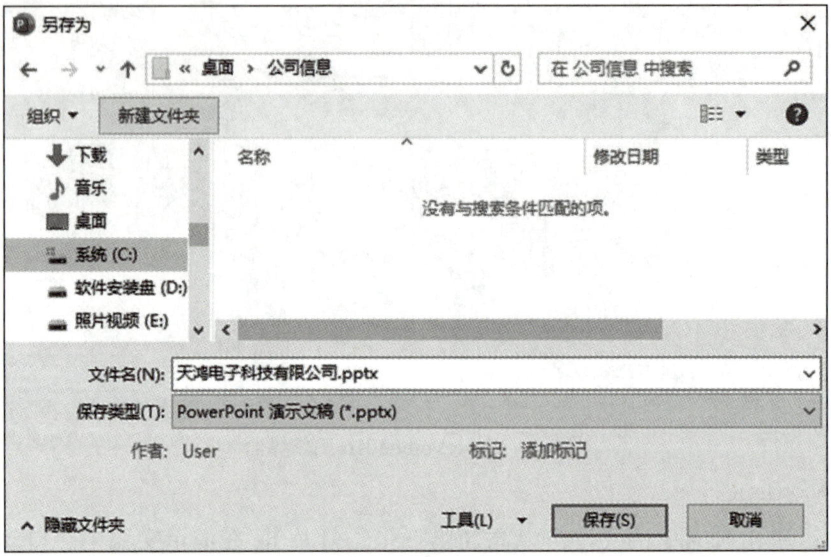

图 5-3　文档保存

单击【关闭】按钮会出现是否保存文件提示，如图 5-4 所示。

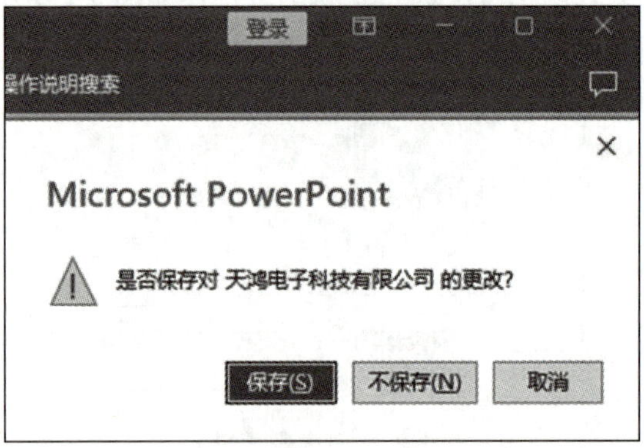

图 5-4　使用【关闭】按钮保存文档

(4) 关闭文档。

单击窗口右上角的【关闭】按钮，或选择【文件】菜单中的【退出】，退出 PowerPoint 2016。

2. 幻灯片大小设置

根据设计内容及播放需要，对幻灯片的长和宽设置合适的比例大小，具体操作方法如下：

方法 1：使用预设比例。

打开“天鸿电子科技有限公司 PPT”文件，单击【设计】选项卡。在【设计】中找到

【自定义】组，选择【幻灯片大小】，在下拉列表中选择【宽屏 (16∶9)】。

方法 2：自定义比例。

单击【设计】选项卡，在【设计】选项卡中找到【自定义】组，选择【幻灯片大小】，在弹出的【幻灯片大小】对话框中设置幻灯片大小、宽度、高度、方向等，如图 5-5 所示。

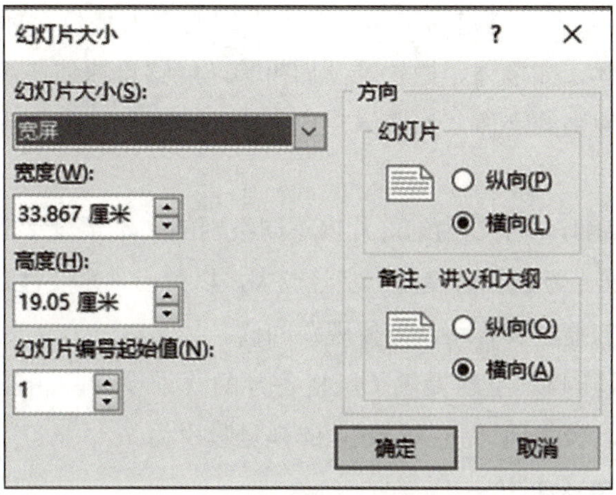

图 5-5　自定义幻灯片大小

3. 幻灯片主题设置

(1) 在打开的演示文稿中再新建 6 张“空白”版式的幻灯片。

(2) 选择主题。在【设计】选项卡的【主题】功能组中，浏览各种内置主题，鼠标悬停可预览效果。例如，新建 6 张空白幻灯片，套用【回顾】主题后效果如图 5-6 所示。

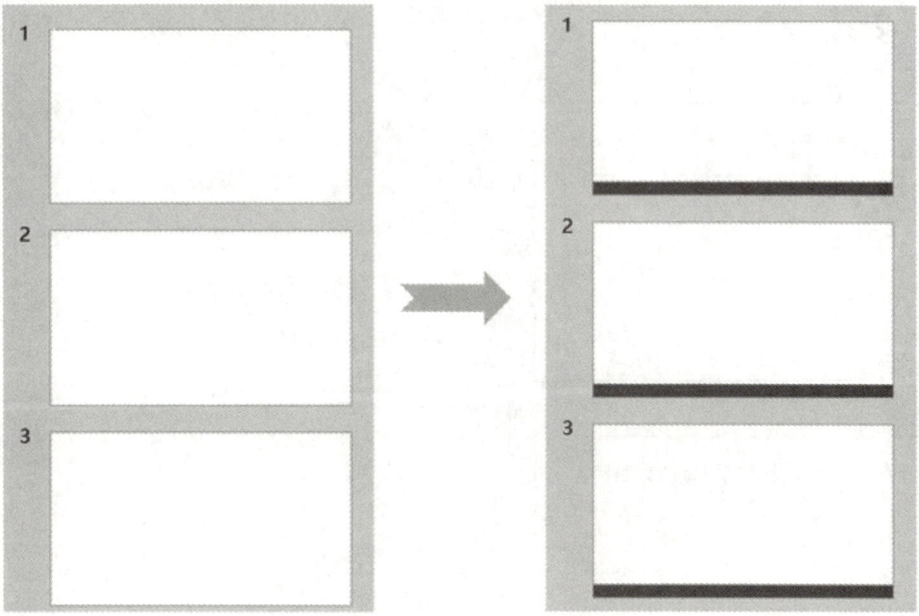

图 5-6　套用主题后的变化

应用主题后的幻灯片，在视觉效果和整体风格等诸多方面会呈现出显著且统一的效果，主要体现在以下几个方面：

① 色彩协调统一。主题为幻灯片配置了一套和谐的色彩体系。从文本颜色、背景颜色到图表颜色，每一处色彩都经过巧妙搭配。

② 字体组合相得益彰。特定的字体组合是主题的一大特色。标题部分通常会选用醒目且富有表现力的字体，如黑体、微软雅黑加粗等，能够迅速抓住观众的注意力；而正文部分，则会搭配易读性强的字体，如楷体、Times New Roman 等，确保观众在阅读大量文字时轻松舒适。

③ 布局规范井然有序。主题为幻灯片内不同级别的文本预设了清晰的位置、大小和格式。标题一般位于页面上方的显著位置，字号较大，以突出其重要性，吸引观众的目光；正文部分则会设置适当的缩进和行距，方便观众阅读。

④ 背景设计独具匠心。主题提供了风格各异的背景设计，涵盖纯色、渐变、纹理或简洁图案等多种形式，极大地增强了幻灯片的视觉吸引力。

4. 统一幻灯片背景格式

为了呼应和突出主题，幻灯片中只使用一种主题颜色，一张幻灯片中的颜色不宜五花八门。

(1) 选择【视图】选项卡，单击【母版视图】中的【幻灯片母版】，幻灯片进入母版编辑状态，如图 5-7 所示。

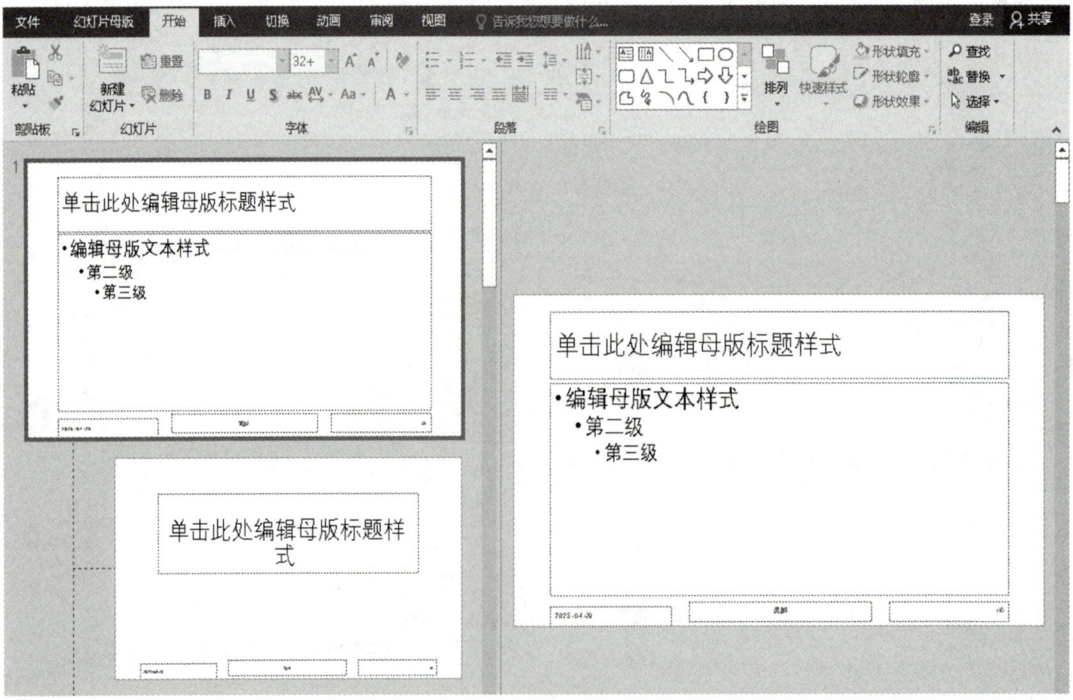

图 5-7 进入母版编辑状态

(2) 在【幻灯片母版】选项卡中选择【背景】组中的【背景样式】，在下拉列表中单击【设置背景格式】。

(3) 在【设置背景格式】对话框中使用【填充】下的【渐变填充】，再在【预设渐变】的下拉列表中使用【浅色渐变 - 个性色 1】，效果如图 5-8 所示。

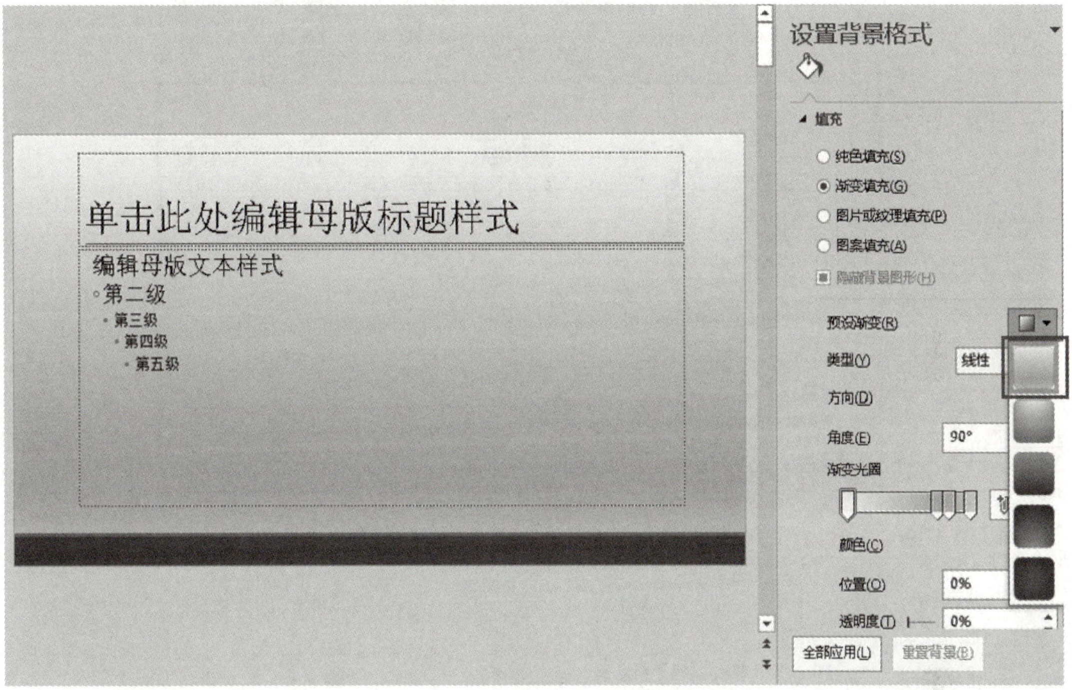

图 5-8　设置渐变效果的模板

5. 占位符的使用

(1) 选择【视图】选项卡，单击【母版视图】中的【幻灯片母版】，幻灯片进入母版编辑状态。

(2) 选择要修改占位符的幻灯片版式，在【插入占位符】下拉菜单中选择对应的占位符。例如，在【空白】版式幻灯片中插入【文本】占位符，设置文字为微软雅黑、54 号、居中对齐，文本框放置于幻灯片的正上方。

(3) 单击【关闭母版视图】，再单击【新建幻灯片】并选择新建【空白】版式幻灯片，在文本框中输入“测试”，可以发现文本框的位置、大小等与母版中设置的一致，效果如图 5-9 所示。

6. 文本格式化

1) 第一张幻灯片

(1) 选中第一张幻灯片，单击幻灯片中的【单击此处添加标题】位置，输入文字“天鸿电子科技有限公司”，设置文字格式为微软雅黑、72。

(2) 单击【单击此处添加副标题】，输入“2024 年 9 月”，设置文字格式为宋体、24，该页面为演示文稿封面页，效果如图 5-10 所示。

图 5-9　设置母版后新建幻灯片效果

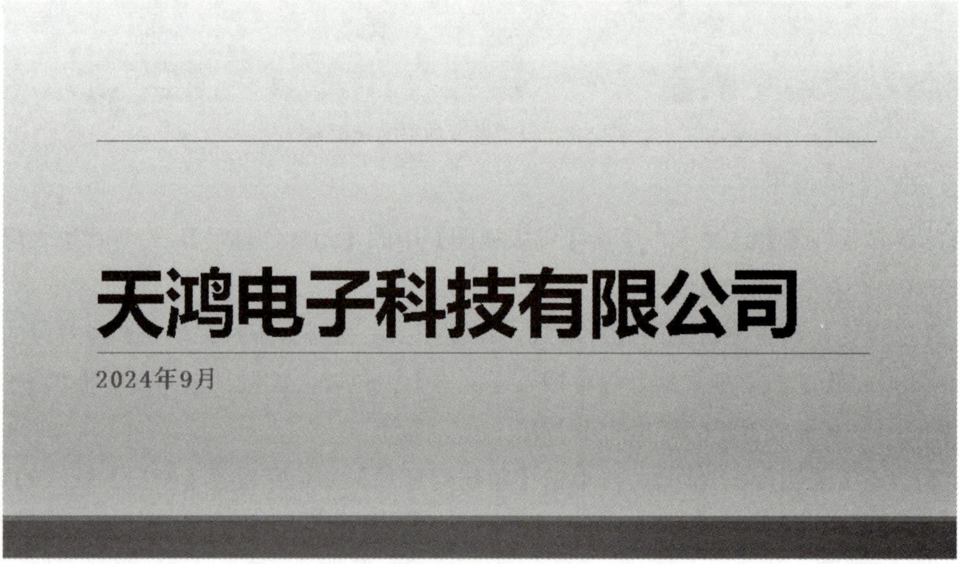

图 5-10　封面制作

在幻灯片内容布局中应遵循以下几个设计原则：

① 页面相关元素位置相互靠近归组在一起，形成视觉单元。

② 元素不能在页面上随意安放，元素之间应当存在某种视觉联系。

③ 字体、线条、颜色、符号等设置元素需要在整个作品中反复出现。

④ 不同元素之间建立层次结构是增加版面视觉效果最有效的途径之一。

2) 第二张幻灯片

(1) 选中第二张幻灯片，在【开始】选项卡中使用【幻灯片】组中【版式】下拉列表中的【空白】版式。因母版占位符的设置不对现有幻灯片产生影响，所以需要通过修改版式以更新版式中的占位符。

(2) 单击【单击此处添加文本】，输入“业务范围”。

(3) 在【插入】选项卡中，使用【文本】组中的【文本框】，在其下拉列表中单击【绘制横排文本框】，然后按住鼠标左键单击画布区域进行文本框的绘制。绘制完毕后，在文本框中输入文字“电冰箱 洗衣机 电视机”。设置文字格式为微软雅黑、36。在【开始】选项卡【段落】组中设置段落格式，行距为 2 倍，且增加菱形项目符号。

(4) 在【插入】选项卡中，使用【图像】组中的【图片】，在下拉列表中使用【插入图片】来自【此设备】，找到老师提供的插图路径，单击【插入】即可。

(5) 选中图片，在【图片工具】选项卡【大小】组中使用右下角的【其他】，在【设置图片格式】中取消勾选【锁定横纵比】，设置图片【高度】为 10 厘米、【宽度】为 9 厘米，完成后效果如图 5-11 所示。

图 5-11 第二张幻灯片效果呈现

3) 第三张幻灯片

(1) 选中第三张幻灯片，使用【幻灯片】组中【版式】下拉列表中的【空白】版式。

(2) 单击【单击此处添加文本】，输入“公司结构”，设置文字格式为加粗效果，调整文本框大小与文字大小匹配。

(3) 选中“公司结构”，单击【绘图工具】，在【艺术字样式】组中使用【文本轮廓】，选择标准色中的【浅绿】。

(4) 在【设置形状格式】对话框中选择【文本选项】，勾选【渐变填充】，在【方向】下拉列表中选择【线性向下】。删除多余渐变光圈，设置第一个渐变光圈为【红色】，第二个为【黄色】。

(5) 在【艺术字样式】组中使用【文本效果】下拉列表中的【转换】，选择【弯曲】中的【三角：正】，效果如图 5-12 所示。

图 5-12 艺术字效果

(6) 插入 SmartArt 图形。选择【插入】选项卡，单击【SmartArt】，弹出【选择 SmartArt 图形】对话框。根据数据的特点选择对应的图形，在【层次结构】中选择【组织结构图】。单击【文本框】，分别输入“经理”“经理办”“销售部”“技术部”“财务部”。由于缺少文本框，先选择【财务部】文本框，在【SmartArt 设计】选项卡下【创建图形】组中使用【添加形状】下拉列表中的【在后面增加形状】，并输入“人事部”。根据整体的布局情况，选中整个 SmartArt 图形，拖动四周的控制点进行放大或缩小。效果如图 5-13 所示。

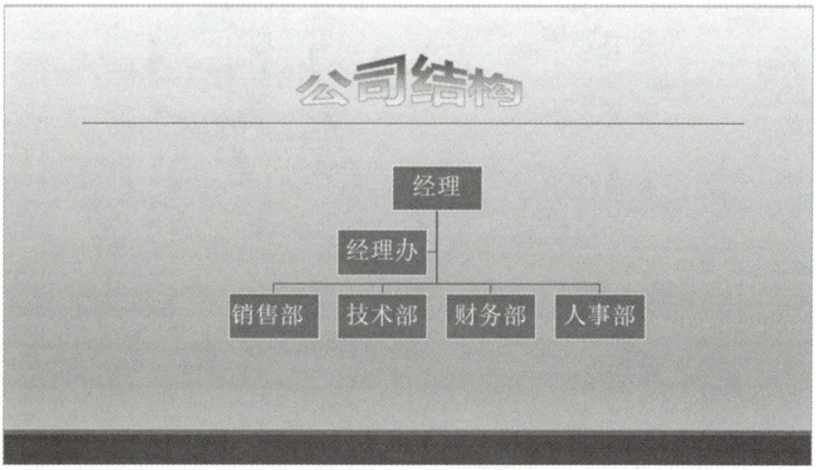

图 5-13 组织结构图

4) 第四张幻灯片

(1) 选中第四张幻灯片，使用【幻灯片】组中【版式】下拉列表中的【空白】版式，单击【单击此处添加文本】，输入“2023 年销售情况表”。

(2) 单击【插入】选项卡中的【表格】按钮，选择【插入表格】选项，在弹出的【插入表格】对话框中，分别在【行数】和【列数】文本框中输入“10”和“3”，单击【确定】，即可在文档中插入一个 10 行 3 列的表格。

(3) 对第一列 2～4、5～7、8～10 行单元格使用【合并单元格】。选中单元格区域，在【表格工具】中【表布局】选项卡下使用【合并】组中的【合并单元格】。

(4) 选中整个表格，单击【表布局】选项卡，在【对齐方式】中设置垂直和水平方向居中，设置文字格式为宋体、20，设置列宽为 20。

(5) 调整表格位置，完成单元格中的文字输入，最终效果如图 5-14 所示。

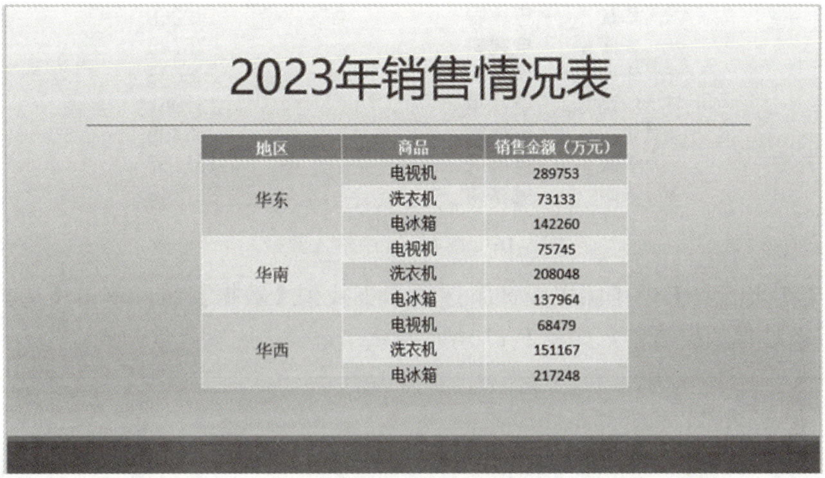

2023年销售情况表

地区	商品	销售金额（万元）
华东	电视机	289753
	洗衣机	73133
	电冰箱	142260
华南	电视机	75745
	洗衣机	208048
	电冰箱	137964
华西	电视机	68479
	洗衣机	151167
	电冰箱	217248

图 5-14　参考图

5) 第五张幻灯片

(1) 选中第五张幻灯片，使用【幻灯片】组中【版式】下拉列表中的【空白】版式，单击【单击此处添加文本】，输入“2023 年销售情况图”。

(2) 单击【插入】选项卡中的【插图】组，选择【图表】选项，根据数据特点选择对应的图表。单击插入【旭日图】后的效果如图 5-15 所示。

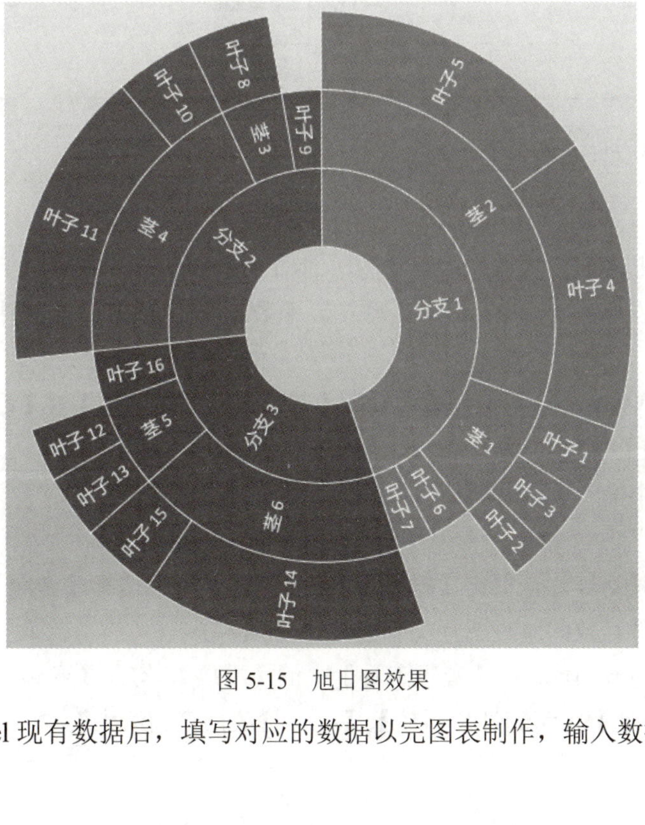

图 5-15　旭日图效果

(3) 清除 Excel 现有数据后，填写对应的数据以完图表制作，输入数据如图 5-16 所示。

	A	B	C
1	地区	商品	销售金额（万元）
2	华东	电视机	289753
3	华东	洗衣机	73133
4	华东	电冰箱	142260
5	华南	电视机	75745
6	华南	洗衣机	208048
7	华南	电冰箱	137964
8	华西	电视机	68479
9	华西	洗衣机	151167
10	华西	电冰箱	217248

图 5-16　在 Excel 中输入数据

(4) 在【图表工具】中【图表设计】选项卡下找到【数据】组，单击【选择数据源】，此处需要重新选择数据清单，如图 5-17 所示。

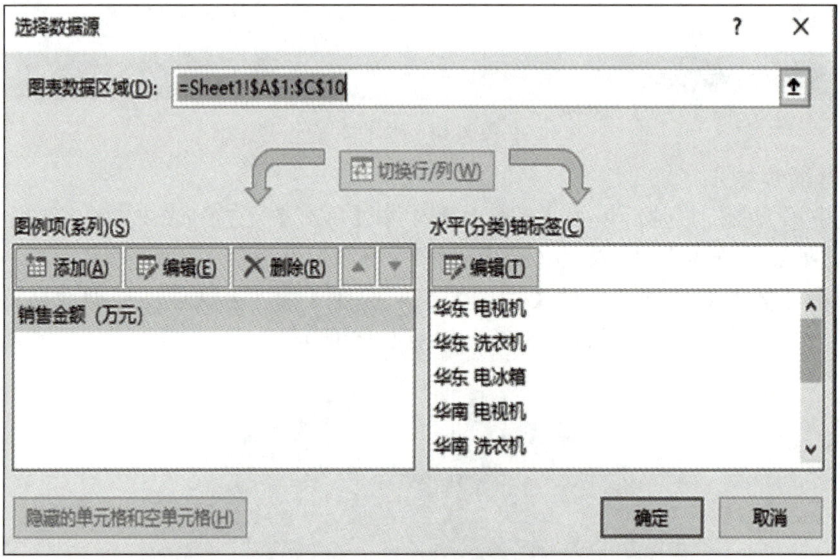

图 5-17　数据选择

(5) 在【图表工具】中【图表设计】选项卡下选择【图表布局】，在【增加图表元素】中分别使用【图表标题】中的【图表上方】，【数据标签】中的【居中】，【图例】中的【顶部】。

(6) 在【增加图表元素】下拉列表中使用【其他数据标签选项】，在【设置数据标签格式】对话框中勾选【值】。

(7) 调整图表中文字大小，将所有数据显示在旭日图中。

6) 插入音频

(1) 选中第一张幻灯片，单击【插入】，在【媒体】组中选择【音频】，单击【来自 PC 的音频】，根据文件存放的路径选择文件，单击【插入】。

(2) 选中插入的音频，选择【音频工具】中的【播放】，勾选【音频选项】组中【开始】下拉菜单中的【自动】、【跨幻灯片播放】、【循环播放，直到停止】，如图 5-18 所示。

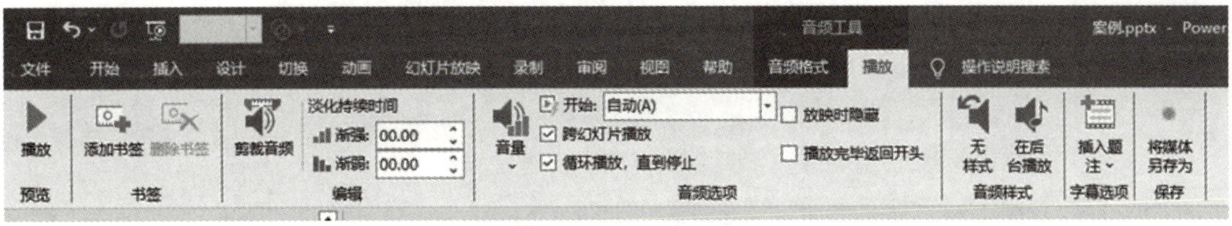

图 5-18　音频参数设置

7) 插入视频

(1) 选中第六张幻灯片，单击【插入】，在【媒体】组中选择【视频】，单击【此设备】，根据文件存放的路径选择文件，单击【插入】。

(2) 通过控制点让视频刚好占满整个画布，选中插入的视频，选择【视频工具】中的【播放】，勾选【音频选项】组中【开始】下拉菜单中的【自动】，效果如图 5-19 所示。

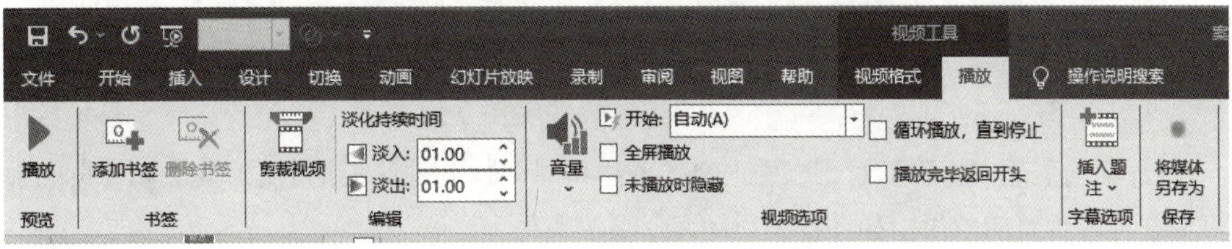

图 5-19　视频参数设置

8) 其他设置

(1) 选中第七张幻灯片，使用【幻灯片】组中【版式】下拉列表中的【标题幻灯片】版式。

(2) 单击【单击此处添加标题】，输入“谢谢观看”。

实践二　PowerPoint 的高级制作

【实践目的】

(1) 熟练掌握幻灯片页眉页脚的设置方法。

(2) 熟练掌握超链接和动作配合使用实现文档的跳转方法。

(3) 熟练掌握使用幻灯片切换效果的方法。

(4) 熟练掌握动画的设置方法。

【实践内容及步骤】

1. 页眉页脚的设置

(1) 选中第一张幻灯片，在【插入】选项卡【文本】功能组中单击【页眉和页脚】，在

【幻灯片】中勾选【日期和时间】和【幻灯片编号】，完成效果如图 5-20 所示。

图 5-20　页脚的效果图

(2) 在【页眉和页脚】对话框中选择【备注和讲义】，勾选【日期】、【时间】和【页码】，页眉在打印预览的效果中如图 5-21 所示。

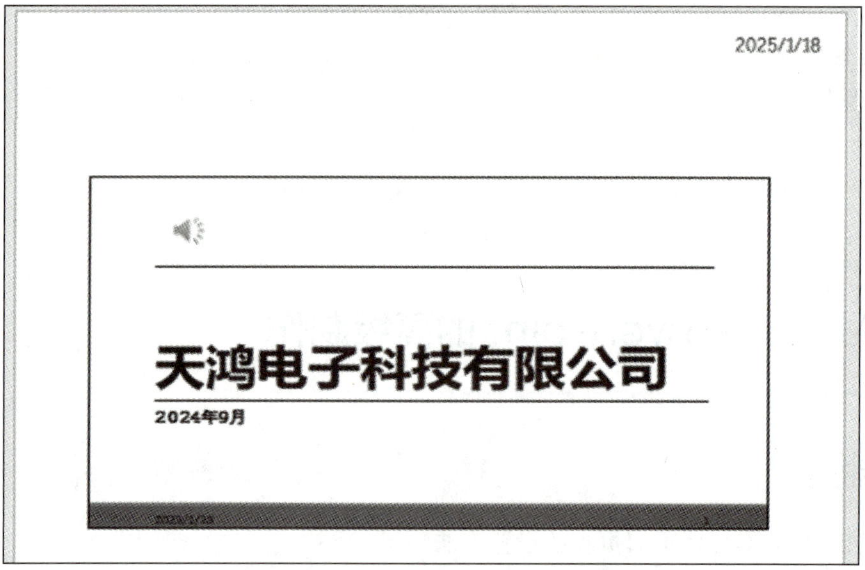

图 5-21　页眉在打印预览中的效果

2. 交互式功能制作

1) 设置超链接

(1) 选中第一张幻灯片中“天鸿电子科技有限公司”，单击【插入】，在【链接】组中单击【超链接】。

(2) 在【编辑超链接】对话框中选择【本文档中的位置】，选择【幻灯片 6】作为链接对象，单击【确定】，如图 5-22 所示。

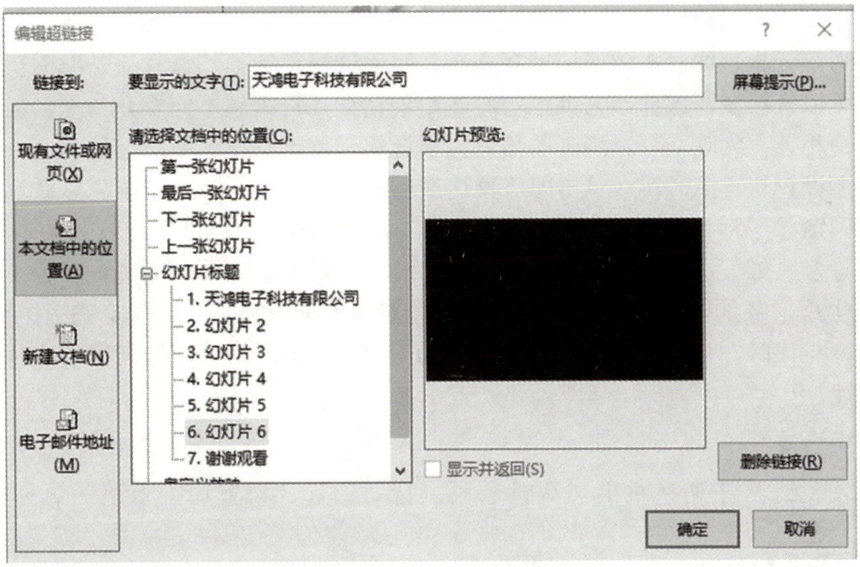

图 5-22 超链接设置

按 F5 键从头开始播放幻灯片，当鼠标移动到超链接上方时，鼠标样式将由箭头转变为手掌样式，单击即可跳转至第六张幻灯片。

2) 设置动作

(1) 选中最后一张幻灯片中“谢谢观看”，单击【插入】，在【链接】组中单击【动作】。

(2) 在【操作设置】对话框中选择【鼠标悬停】，单击【超链接到】，选择【第一张幻灯片】，单击【确定】，如图 5-23 所示。

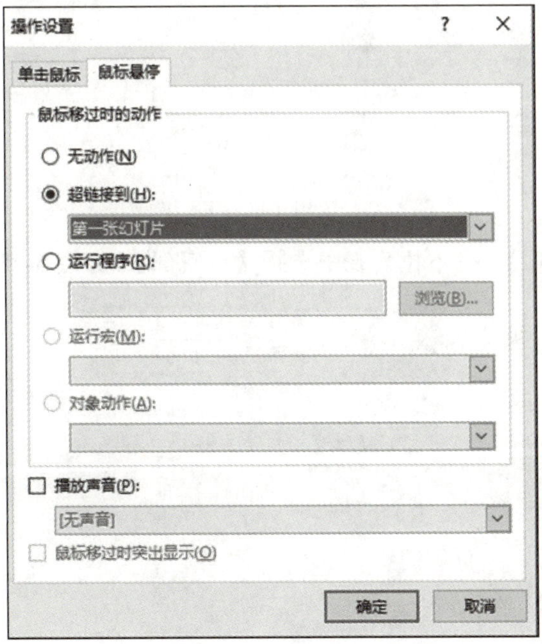

图 5-23 动作的设置

播放最后一张幻灯片时，鼠标只需移动至文字上方即可实现幻灯片的跳转。

超链接在演示文稿中扮演着信息摆渡者的角色，可实现页面的跳转。单击精心选定的文本、图形等元素，如同搭乘便捷的直通车，可瞬间抵达其他幻灯片、外部网页、本地文件，甚至可以直接撰写邮件。它就像一座无形的桥梁，可跨越不同媒介与平台，将分散的信息源紧密相连，为观众打造清晰的信息指引脉络。以产品推广演示文稿为例，在产品介绍幻灯片上设置超链接，观众单击即可直达产品官网，深入了解产品详情与最新资讯。

动作则赋予了演示文稿鲜活的交互灵魂，功能远不止于跳转。它支持鼠标悬停、单击、移开等多种触发方式。同时，动作还能为演示增添绚丽的动画效果，播放贴合情境的声音，实现对象的隐藏或显示，极大地丰富视觉与听觉体验。例如，在图标上设置动作，当鼠标悬停时，相关提示框便会弹出，为用户提供即时信息，增强了信息传递的趣味性与互动性。

3. 切换设置

为了使幻灯片在切换时更加流畅顺利，会对幻灯片设置切换效果，具体操作步骤如下：

(1) 选中第一张幻灯片，单击菜单栏中的【切换】，选择【细微】类型中的【推入】效果，如图 5-24 所示。

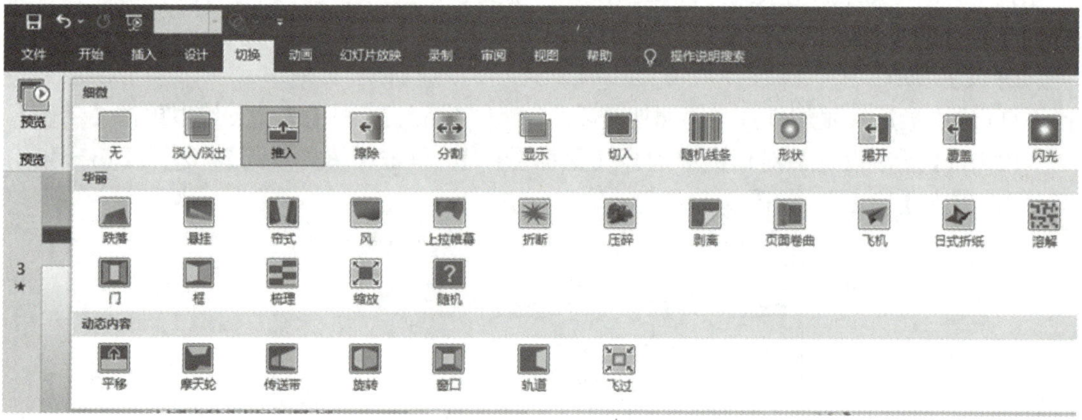

图 5-24　使用【推入】切换效果

(2) 单击【效果选项】，在下拉列表中选择【自底部】，如图 5-25 所示。

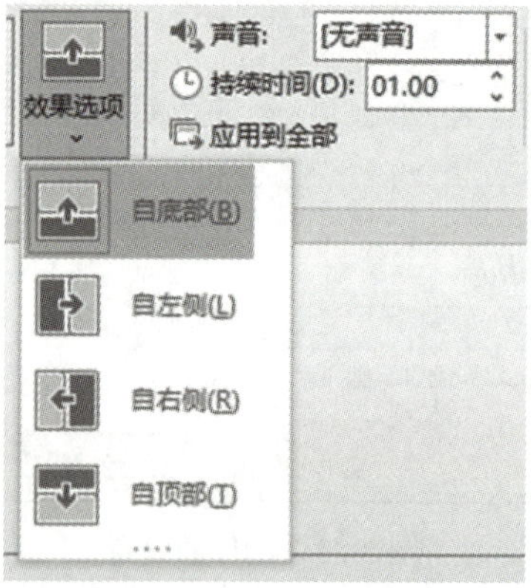

图 5-25　效果选项设置

(3) 在【切换】选项卡【计时】组中修改【持续时间】为 1.5 s。

(4) 在【切换】选项卡【计时】组中，取消勾选【换片方式】中的【单击鼠标时】，勾选【设置自动换片时间】修改时间为 20 s，单击【应用到全部】，如图 5-26 所示。

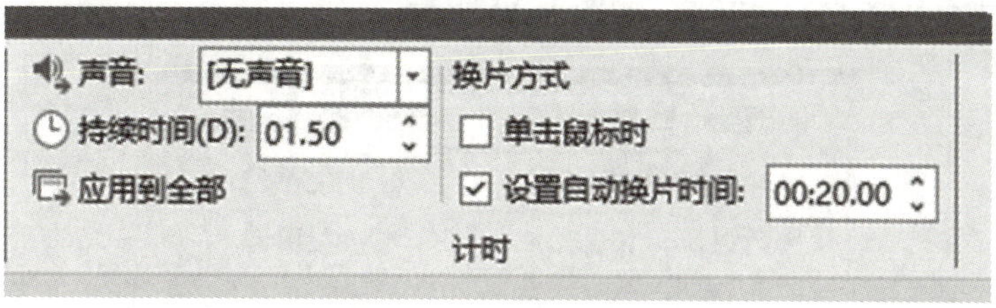

图 5-26　切换参数设置

经过设置后，演示文稿中每张幻灯片的切换持续时间为 1.5 s，在不干预下每张幻灯片播放 20 s 后自动切换。

4. 动画设置

为了丰富幻灯片内容，提高阅读者的信息提取效率，增加动画效果必不可少。

1) 进入动画效果设置

(1) 选中第一张幻灯片中“天鸿电子科技有限公司”，单击【动画】，在动画库中使用【进入】类型的【擦除】效果，如图 5-27 所示。

图 5-27　擦除动画

(2) 选择【动画】功能组中的【效果选项】，选择【自左侧】，该设置是为了实现文字自左侧向右侧呈现的效果，以符合阅读习惯，如图 5-28 所示。

图 5-28　设置擦除的效果

(3) 选中“天鸿电子科技有限公司”，在【动画】选项卡【高级动画】组中选择【动画刷】，再回到画布中单击“2024 年 9 月”。该操作是将动画操作进行复制，当幻灯片中有相同动画设置时，通过【格式刷】复制动画可提高工作效率。

(4) 幻灯片可自动进行切换，幻灯片中的对象也可自动进行动画播放。选择序号为 1 的动画，在【动画】选项卡【计时】功能组中，在【开始】后的文本框选择【上一个动画之后】,【持续时间】修改为 1.25 s，如图 5-29 所示。

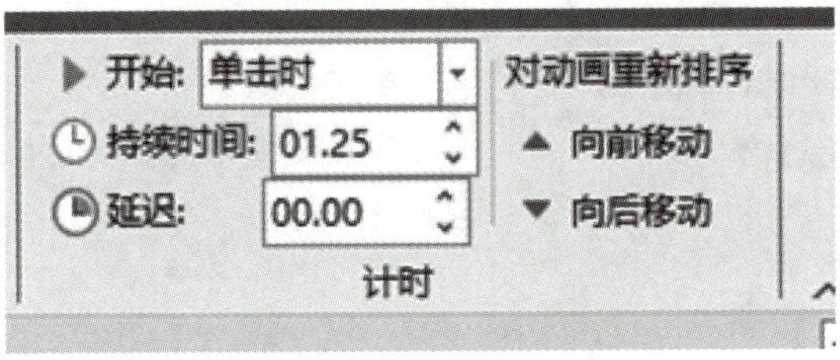

图 5-29　动画参数设置

2) 强调动画效果设置

强调动画主要是解决一个对象如何实现使用多个动画效果，既可单独存在，也可设置在进入动画之后进行播放。

(1) 选中第二张幻灯片中的“业务范围”，单击【动画】选项卡，在动画库中使用【进入】类型的【擦除】效果。

(2) 单击【动画】选项卡中的【添加动画】，在下拉列表中使用【强调】中的【脉冲】效果，如图 5-30 所示。

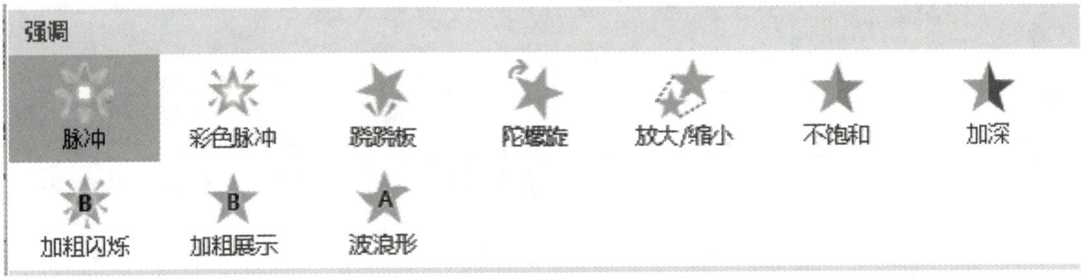

图 5-30　添加动画界面

(3) 选择【脉冲】效果，设置【计时】功能组，在【开始】中选择【上一个动画之后】,【持续时间】设置为 0.5 s，如图 5-31 所示。

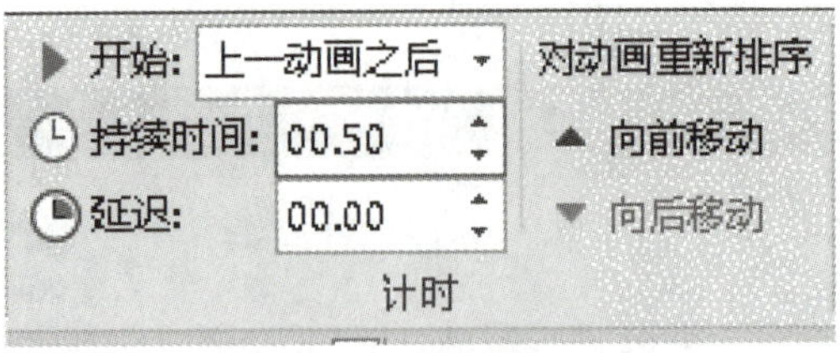

图 5-31　脉冲的参数设置

使用强调动画后，标题显示时会有一个放大和缩小的效果，从而突出标题的重要性。

3) 退出动画效果设置

(1) 选中第一张幻灯片的“天鸿电子科技有限公司”和“2024 年 9 月”。

(2) 单击【动画】选项卡中的【添加动画】，在下拉列表中使用【退出】中的【淡出】效果，如图 5-32 所示。

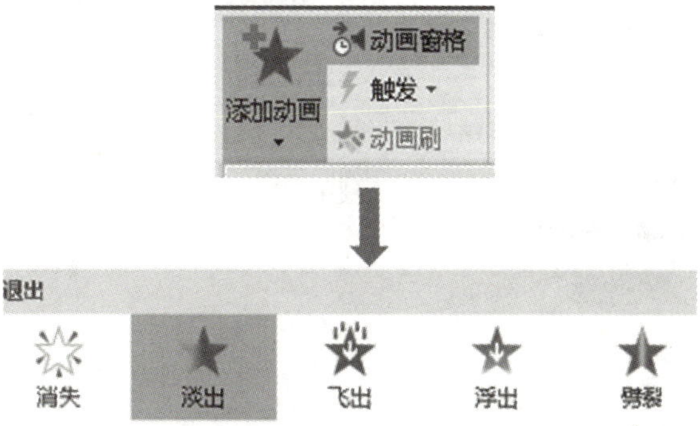

图 5-32 退出效果设置

4) 动画窗格设置

动画窗格是演示文稿中动画管理的得力助手，功能强大且便捷。它以直观的列表形式完整呈现当前幻灯片里所有的动画效果，动画名称、对应的顺序皆清晰罗列，让使用者对页面动画情况一目了然。

(1) 选中第一张幻灯片，在【动画】选项卡【高级动画】功能组中单击【动画窗格】，在画布右侧出现【动画窗格】对话框，每个动画效果都以列表形式显示，顺序与动画播放的先后相同，如图 5-33 所示。

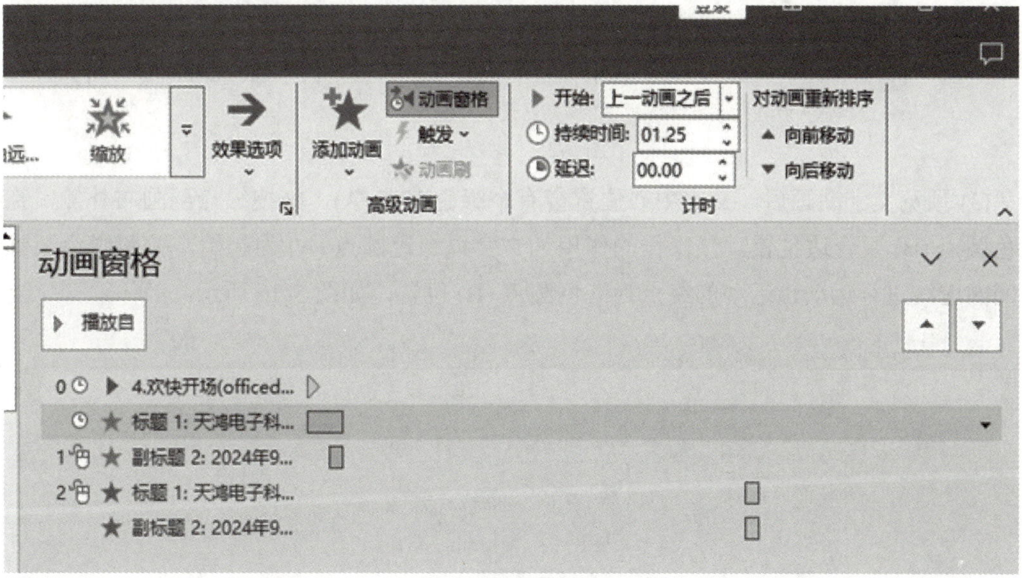

图 5-33 动画窗格

(2) 在动画窗格中选择“标题 1：天鸿电子科技有限公司”的淡化动画，右键选择【计时】，在【淡化】对话框中设置【开始】为【上一个动画之后】，【延迟】为【15】，如图 5-34 所示，并设置副标题的淡化效果。

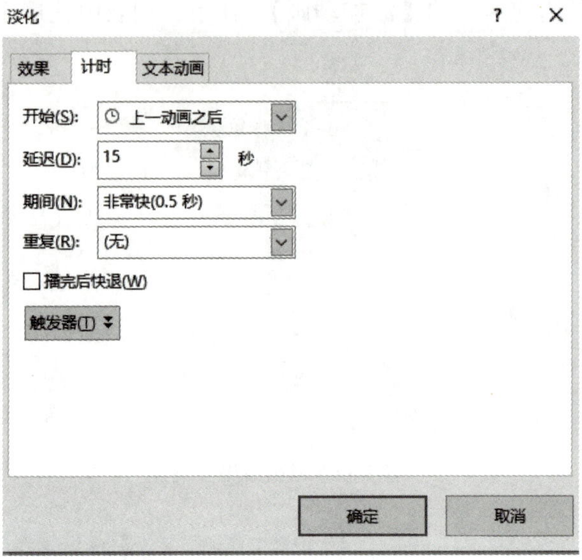

图 5-34　淡出的参数设置

5) 动作路径动画设置

(1) 选中第三张幻灯片中的“公司结构”。

(2) 单击【动画】选项卡，在动画库中使用【动作路径】类型中的【直线】效果，如图 5-35 所示。

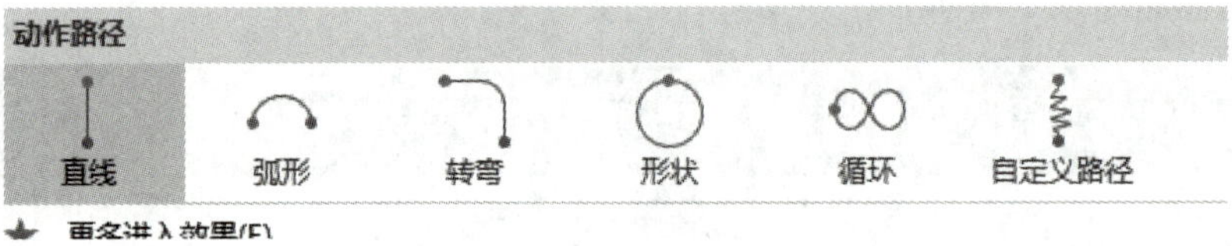

图 5-35　直线动画

(3) 预览文字动画后，文字中心位置会有个绿色圆点 (A)，拖拽绿点至画布外侧，拖拽红色圆点 (B) 至合适位置。该操作的作用为文字以绿色圆点 (A) 为起始，按照绿色至红色之间的虚线进行运动，运动的终点为红色圆点 (B) 位置，如图 5-36 所示。

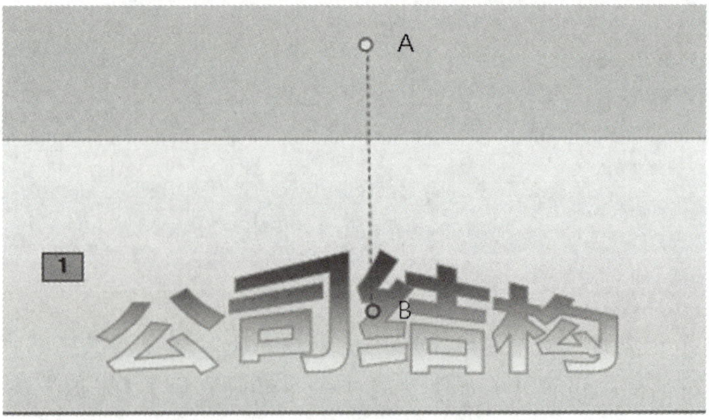

图 5-36　直线动画路径设置

对每张幻灯片进行格式设置，根据幻灯片的对象不同使用不同的动画类型和动画效果。

实践三 PowerPoint 的放映与导出

【实践目的】

(1) 熟练掌握演示文稿的多种放映方式。
(2) 熟悉演示文稿放映控制操作和放映参数的设置方法。
(3) 熟练掌握演示文稿打印的设置方法。

【实践内容及步骤】

1. 自定义幻灯片放映

演示文稿进行展示时，因为面对的受众不一样，播放内容可部分隐藏，需自定义放映。自定义放映可通过以下两种方式实现。

1) 隐藏幻灯片

选择要进行隐藏的幻灯片，单击右键，在下拉列表中选择【隐藏幻灯片】，可使该幻灯片不被播放，如图 5-37 所示。

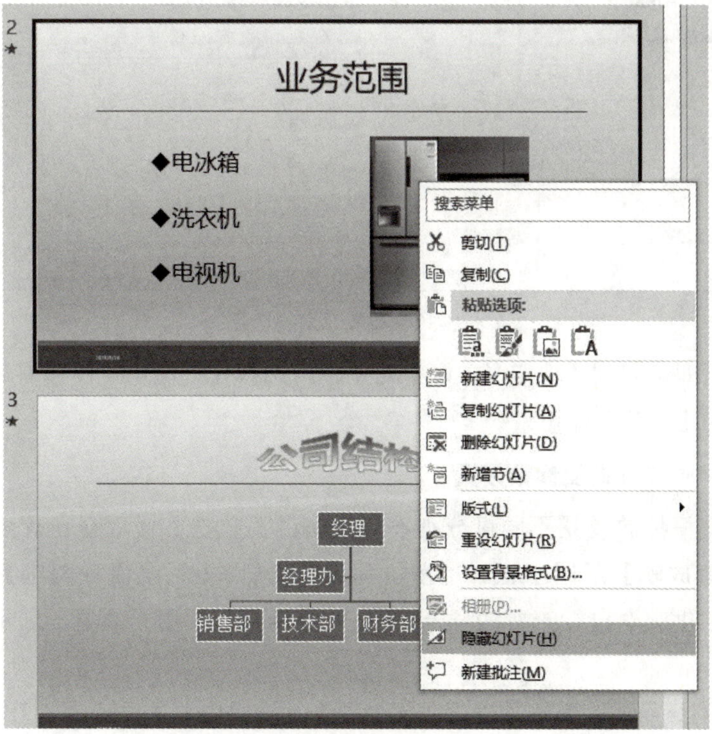

图 5-37 隐藏幻灯片

2) 自定义幻灯片放映

(1) 单击【幻灯片放映】选项卡，在【开始放映幻灯片】功能组中选择【自定义幻灯片放映】。

(2) 在【自定义放映】对话框中选择【新建】，如图 5-38 所示。

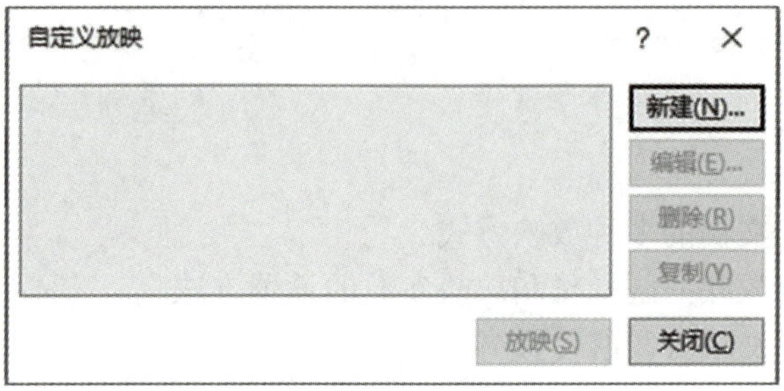

图 5-38 新建播放方案

(3) 打开【定义自定义放映】对话框会，在【幻灯片放映名称】中输入“天鸿电子科技有限公司”，在【在演示文稿中的幻灯片】中选择幻灯片 1～5，然后单击【添加】。在【在自定义放映的幻灯片】中可对其播放顺序进行调整或删除，单击【确定】，即可保存播放方案，如图 5-39 所示。

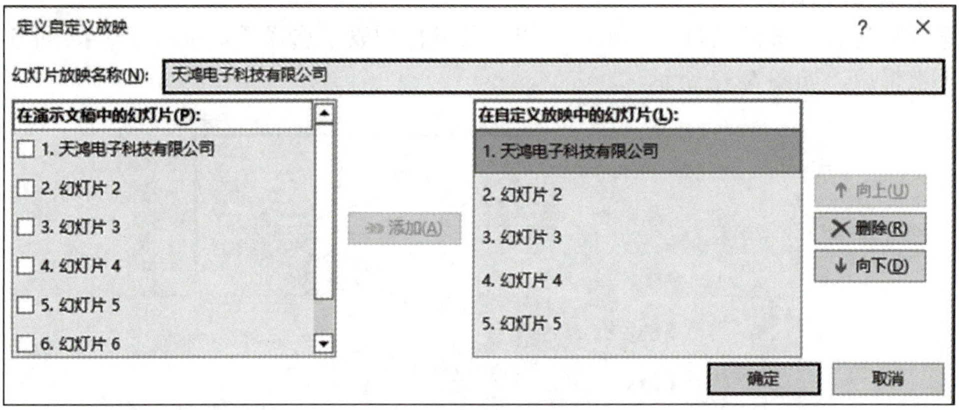

图 5-39 播放方案的选择

设置完成后即可回到【自定义放映】对话框，选择【天鸿电子科技有限公司】播放方案，单击下方的【放映】即可。

2. 演示文稿放映方式及参数设置

根据演示文稿播放场景不同可分别设置【演讲者放映】、【观众自行浏览】、【在展台浏览】。【演讲者放映】适用于正式的演讲和讲解场合；【观众自行浏览】为非全屏，适用于在计算机中供观众自行查看的场合；【在展台浏览】常用于展览、展示等无人值守的场合。

(1) 单击【幻灯片放映】选项卡，在【设置】功能组中单击【设置幻灯片放映】，弹出【设置放映方式】对话框，如图 5-40 所示。

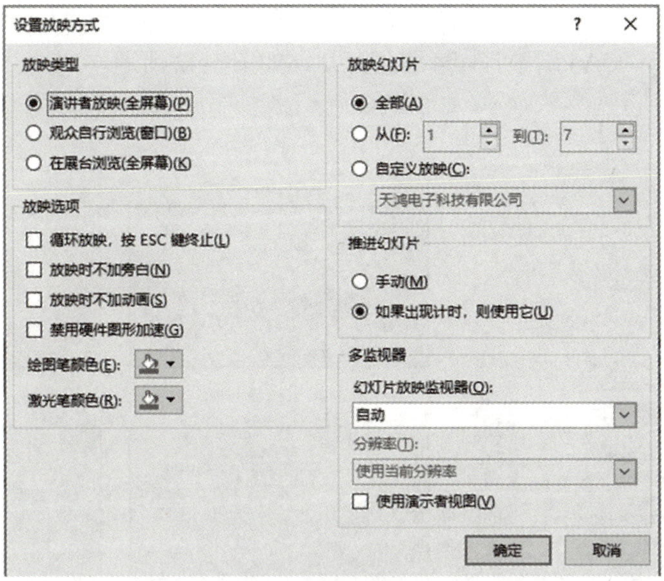

图 5-40　设置放映方式

(2) 在【设置放映类型】下勾选【在展台浏览】，在【放映幻灯片】中勾选【自定义放映】。该设置是为了幻灯片能播放自定义的播放方案，也可在此处选择具体要播放的幻灯片。

3. 文件打印

演示文稿打印为观众提供清晰的视觉辅助，便于紧跟讲解节奏，让复杂图表和数据一目了然，同时方便观众做笔记、记录疑问和重点。从资料留存角度看，打印稿可作为会议资料存档，便于后续复盘，还能分享给未能参会者，确保信息传递完整。对演讲者而言，打印稿有助于梳理思路，标注演讲节奏与重点。

(1) 单击【文件】菜单中的【打印】，进入演示文稿打印页面。页面的右侧是打印预览区域，可在此区域查看打印效果，如图 5-41 所示。

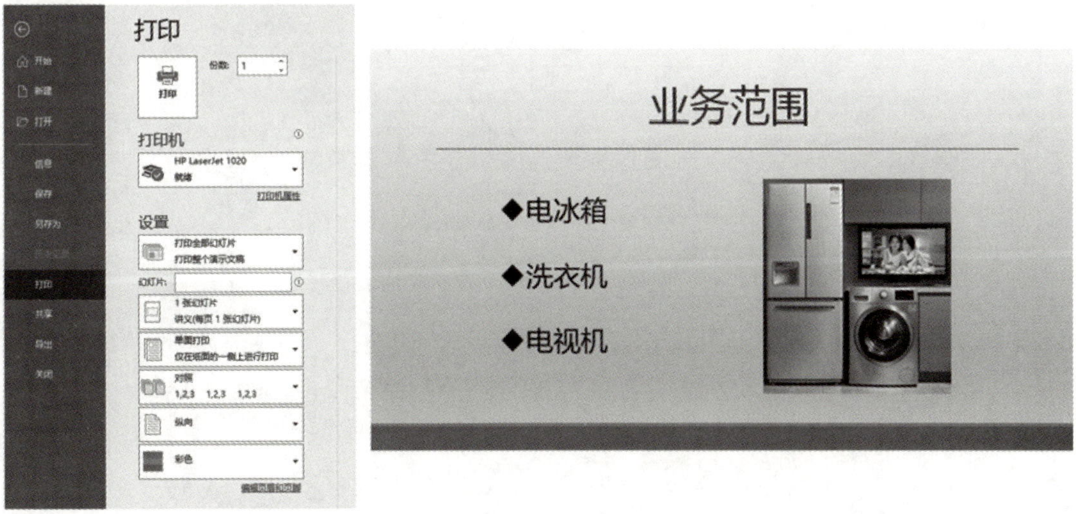

图 5-41　打印预览

(2) 单击【设置】下方的第二个下拉菜单，选择【讲义】中的【4 张水平放置的幻灯片】，该设置将在一张 A4 纸中打印 4 张幻灯片，如图 5-42 所示。

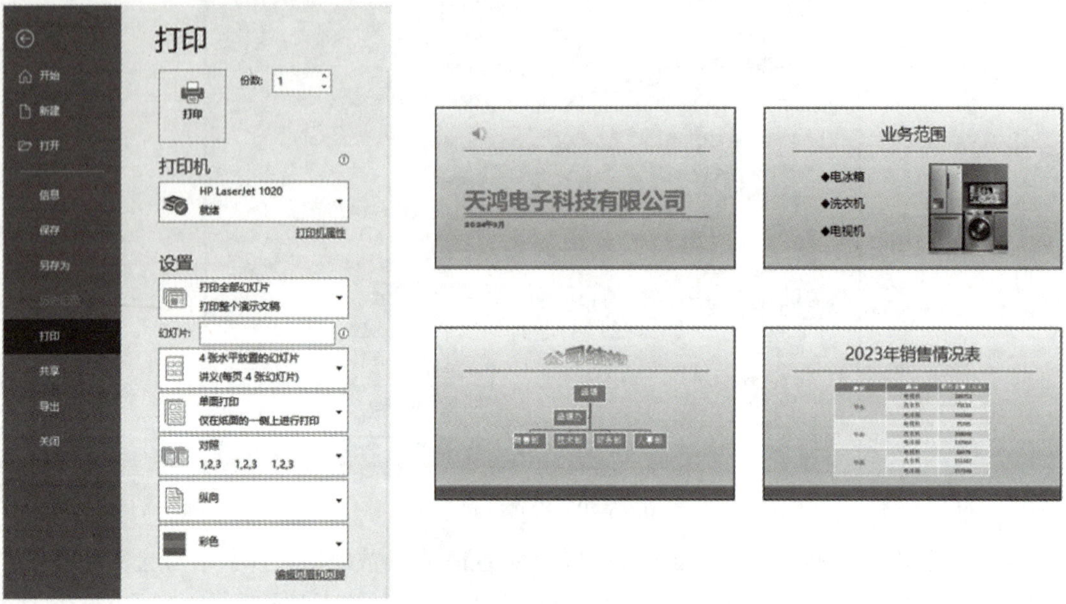

图 5-42 讲义打印预览效果